最重要的知识

从 宇 宙 大 爆 炸 到 现 在

[德]恩斯特·彼得·菲舍尔 著

Ernst Peter Fischer

张申威 译

DAS WICHTIGSTE WISSEN

Vom Urknall bis heute

中国社会科学出版社

图字：01－2021－5343 号

图书在版编目(CIP)数据

最重要的知识：从宇宙大爆炸到现在／（德）恩斯特·彼得·菲舍尔著；张申威译．—北京：中国社会科学出版社，2023.5

ISBN 978－7－5227－2056－2

Ⅰ．①最… Ⅱ．①恩…②张… Ⅲ．①科学技术—技术史—世界 Ⅳ．①N091

中国国家版本馆 CIP 数据核字(2023)第 122200 号

DAS WICHTIGSTE WISSEN by Ernst Peter Fischer

出 版 人 赵剑英
责任编辑 程春雨
责任校对 夏孝萍
责任印制 王 超

出 版 中国社会科学出版社
社 址 北京鼓楼西大街甲 158 号
邮 编 100720
网 址 http://www.csspw.cn
发 行 部 010－84083685
门 市 部 010－84029450
经 销 新华书店及其他书店

印刷装订 北京君升印刷有限公司
版 次 2023 年 5 月第 1 版
印 次 2023 年 5 月第 1 次印刷

开 本 880×1230 1/32
印 张 6.5
字 数 103 千字
定 价 56.00 元

一则童话

在一个遥远的国度里，生活着一位国王。某天，他很想知道什么是真正重要的东西。于是，他召集了手下所有的学者，向他们寻求答案。学者们夜以继日、孜孜不倦地工作，很快便为国王呈上了数百卷书籍。“不!”国王很不满意，“我想要更简洁的答案。”于是，学者们又重新开始了工作。不久之后，他们仅带着一本书，回到了国王面前。“不!”国王依然不满意，“我想要你们只用一句话告诉我答案。”学者们无奈地说：“看来，我们必须询问那位来自沙漠的智者了。”于是，他们来到智者的住处，将国王的愿望告诉了他，隐居的智者回答说：“一切都会消逝的。”

目　　录

前言　知识的魔力

知识拥有一种魔力，这是那些从未掌握知识的人无法体会的。幸运的是，许多人兴趣盎然、十分热衷于这种魔法般的经历，这也使得知识在人类历史进程中得以成为“一种行为”和“一种热情”，就如同罗伯特·穆齐尔在《没有个性的人》一书中所描绘的那样。对于这位奥地利作家而言，书中主人公乌尔里希对知识的追求似乎是必然的，因为“人类无法放弃自己对知识的渴望”。这种观点早在哲学诞生时便已存在，亚里士多德认为，人类对知识的追求源于物种的本性，他在《形而上学》一书中解释说：“人类乐于求知，是因为他们能凭借感知力从中感受世界的乐趣。”亚里士多德将其称为“感觉”（aisthesis），这能让人或多或少地联想到知识的魔力。因此，这个人类学领域的基本常识中也包含了一些美学思想，我们可以相信中世纪思想家大阿尔伯特的说法，研究它的人也会在内心感到幸福。

知识能够创造乐趣，也能够带来朋友。如果能成功地传授这些“最重要的知识”，本书就完全达到了它的目的。本书的目的并不是方便人们查阅或获得白纸黑字的事实性知识，以便将其“安心地带回家”。对此，歌德早在250年前便用精准的表达、讽刺地将知识称作“德国人为巧言妙语制造的万能武器”。对本书来说，更重要的是让每个可讲述的知识释放自己的魔力，从而激发读者更多的求知欲，甚至使他们有兴趣去阅读本书所在的“知识”系列丛书的其他分册。

诚然，对个人重要的知识和对全人类重要的知识是不一样的，人类很愿意去了解自己所面临的是何种未来，但同时他们也会意识到，未来的生活依赖于某种知识，人们必须首先对其进行探索，才能予以利用。这个重大的任务最终落在了自然科学的肩上，它的形成过程和产生的影响也是本书的主要内容。犹如希腊诗人品达所写的一样，即便未来对我们来说神秘莫测，即便人类不知道将会如何生活，但他们一定会知道，自己愿意活在一个更好的世界里，一个他们能用知识去创造，且不会迷失自我的世界里。

在与贝克出版社编辑斯特凡·冯·德拉尔的交谈中，我萌生了将《最重要的知识》一书作为人类的创造物，并通过七个章节进行呈现的想法。自古以来，人们将一周划分为七天，这个令人着迷的数字“7”源于数千年前存在于幼发拉底河和底格里斯河之间的美索不达米亚。这样的时间分配方案是如此成功，以致一直延续至今。而在与时间的形成、划分和测量有关的问题上，随着光阴的流逝，人们越来越多地从经验、科学和技术中获得了帮助，它们最终也凭借着日益增多的机器给我们的生活，也给整个世界打上了时代的烙印。

从那时起，世界本身似乎也变成了一个机器，它将人类握在手中，人类也从它那里获取了许多知识来应对日常生活。这种触手可及的技术奇迹的产生，要归功于一门在 20 世纪赋予知识以全新品质的科学，即物理学。在原子领域中，物理学遇见了一个交叠的世界，这个世界的各个组成部分并不只为自己存在，而是凭借与人类生存环境的相互影响成为众人皆知的事实。人类用科学所描述的不再是世界本身，而是关于世界的知识。知识是一种人类的创造物，本书则用七个简短的章节呈现了它的创造过程。

本书想要揭示的所有内容，可以浓缩成这句话："世界是一个整体，它并没有任何组成部分。"书中各章节所描绘的部分之所以出现，是因为人们赋予了它们名字，以便更好地谈论它们。世界是一个整体早已是大家的共识。歌德曾说过，"联系即所有"，他在写给朋友卡尔·弗里德里希·策尔特的一封信中将其表述为"联系即生命"。现代生物学家证实了歌德的这一看法，他们将自己的视野从单一的遗传因子挪开，开始关注所有的遗传特征（基因组）和它们之间的相互影响。在他们眼中，人不再是个体，而是由自身细胞和外来生活方式所组成的有生命力的整体。

然而，如同德国文学家恩斯特·罗伯特·库尔提乌斯于20世纪撰写《教育的元素》时发现的一样，万物之间的联系也会在历史中留下自己的烙印。他清楚地看到，如果人们没有事先观察过天空，也不会有地下铁路的开通。这就是知识的转换！但是，“每一种知识同时也必然是一种改变”，对此库尔提乌斯并不惊讶，因为他在仔细思考了教育的本质后发觉，教育原本也是一个新形式不断涌现的过程。知识改变了人类——既改变了每个个体，又改变了全人类；而人类也凭借自己的知识改变了世界。对此，他们没有别的选择，因为就像此前提到的一样，他们无法“放弃自己对知识的渴望”。在某种程度上，世界的秘密不会因知识的增长而减少，而是会变得更加深广，这是一个痛苦的、而非欢乐的认知过程。能领会这个道理并使其内化的人，会对世界万物及其组成要素存有更多敬畏之心，也会更顾及全世界和他人。通过这种方式，最重要的知识或许才会真正呈现出来。

第一章　光与它的能量

早在19世纪，能量守恒定律就明确表示，世界自诞生之日起必定被赋予和注入了能量。能量也构成了整个世界。如同人们所知道的一样，能量是无法被摧毁的，即使它可以改变自己的外在形态，例如热能可以转化成动能，或者动能转化为热能，世界上的能量总量也是恒定的。当人们将能量存储起来时，它会继续用自己的新形态改变世界，不会被深奥莫测的时间影响，也不会被时间抛弃。

人类眼中五彩斑斓的光束，在物理学家已经揭示的光谱中仅仅只是极其微小的一部分。随着历史的车轮不断滚滚向前，人们成功地发现了越来越多肉眼无法感知的光。在它们的照耀下，世界似乎变得有些不太一样，不再是大家熟悉的、呈现在阳光下的模样，这一切也为光的发现赋予了文化意义。更确切地说，世界可以闪耀着想象的光芒出现在人们面前。在阿尔伯特·爱因斯坦抽象的科学理论中，在巴勃罗·毕加索抽象的艺术图画中，世界变成了人类的发明。

19 世纪，人们在热辐射和紫外线领域首次发现了肉眼不可见的光。此后，人们又相继发现了伦琴射线①和无线电波，以及许多富含能量的射线，它们在发生突变时会产生放射性元素，例如，铀会转化成镭。自人们观察到这种衰变过程开始，原子从古典时期以来便享有的、不可分割的盛名就不复存在。在 19 世纪的最后几年中，科学家成功地证明，原子内存在更小的可分离的元素，即电子。至此，他们必须彻底地摒弃此前陈旧的观点。尽管人们坚持使用 átomos（拉丁语，意为不可分割的）来称呼原子，但原子本身却是可分的。与此类似，生活中还存在着另一个因语言模糊而出现的可饶恕的“错误”：尽管人们几个

① 即 X 射线。

世纪前便已经知道，日落的出现只是源于地球的转动，尽管人们在晚上看着地平线不停地追逐太阳时，能非常明确地感受到这一点，他们仍旧一如既往地盛赞日落，毫不吝啬溢美之词；同样，他们也几乎不知道，在生命的一半时间里，自己其实是头朝下地生活在宇宙中，因此他们也无从得知哪是上、哪是下。

在20世纪，原子被一分为二，由一个质量较大的原子核和围绕它运动的、能将动能转化为光的电子构成。人们虽然可以通过计算大致预估出转化的全过程，但对转化中真正发生了什么却并不了解。同样，没有人能准确地知道，太阳内那些可被估算出的、转化成光后滋养着地球上生命的能量是如何产生的。不过，人们知道的是，氢原子在太阳的核反应区内聚变形成氦原子并产生热量，随后热量逐步向外传播，辐射到宇宙中。自从阿尔伯特·爱因斯坦1905年发现了其中起决定作用的关系，并提出了 $E = mc^2$ 的质能方程式后，人们开始可以通过计算研究氢聚变过程中的能量平衡问题。人们将物体的质量 m 乘以光速 c 的平方，可以得出物体的能量 E。尽管光从地球到月亮仅需一秒多，但由于光速高达每秒300000千米，所以由此得出的能量数值无疑也是巨大且无法估量的。

$E = mc^2$公式也带来了许多令人惊讶的发现，例如，人们需要用越来越多的能量来击碎越来越小的粒子。在这些实验中，注入的能量最终会转化成具体物质，因此各个部分在裂变的过程中并非变得更小，而是有违逻辑地变大。1938 年，化学家奥托·哈恩延续了此前受纳粹分子驱逐的物理学家莉泽·迈特纳的实验，他在用中子射线轰击铀核时发现，铀元素变成了钡。他将这个结果告诉了逃亡中的迈特纳，后者认为，在铀核裂变的过程中一定发生了什么特殊的事情。与铀原子相比，钡原子的质量更轻，这意味着，变化过程一定伴随着能量的释放。凭借爱因斯坦的$E = mc^2$公式，莉泽·迈特纳于 1938 年圣诞节期间在世界范围内首次提出，核裂变过程中会产生一种强烈的危险光线。很快，在第二次世界大战末期，人们开始借助迈特纳的发现制造原子弹并将其投入战争中，这种光线也闪烁出比一千个太阳更耀眼①的光芒。

当爱因斯坦认识到质量与能量的等量关系时，物

① 《比一千个太阳更耀眼》（*Heller als tausend Sonnen*）是罗伯特·容克于 1956 年出版的书。

理学家们对原子还知之甚少，也尚未萌发制造炸弹的念头。事实上，爱因斯坦也完全不想知道，质量中能蕴藏多少能量，他更感兴趣的是研究物体的惯性如何随能量增多而改变。因此，他的公式应该更适合写成 $m = E/c^2$，当然，这个新的公式也无法像质能公式一样引起那么大的轰动。

人们非常乐意将 1905 年称为“爱因斯坦奇迹年”，因为他在当年完成了五项伟大的作品，每一项都值得被授予诺贝尔奖。但最终真正带给他诺贝尔奖的，是他提出的有关光转化为电能的设想。在他自己看来，这个设想具有革命性的影响，人们此前将其称作光电效应，并已展开研究，但从未洞悉其中原委。依据爱因斯坦的设想，当光照射在金属上时，金属的电子会明显地开始运动，这种现象与照射光的强弱关联较小，更多的是与它的频率有关。这个发现听起来似乎无关痛痒，但爱因斯坦却用它彻底变革了物理学。在解释全部过程后，他认为，这颠覆了此前的所有理论。

在尚未成名的爱因斯坦开始研究光电效应、关注光与物质间转换的游戏时，他对自己的研究信心十足，也为久未变化的物理学带来了前所未有的革新。但不久后，他不得不舍弃自己的这份信心，对此，本书稍后会提及。爱因斯坦的创新源于马克斯·普朗克，后者在1900年研究色彩时提出了一个影响深远的观点——黑体在加热的过程中会发出光亮。此后，普朗克花费数年思考与之对应的辐射定律，但均徒劳无功，走投无路之际他提出了能量量子化假说。在如今的日常生活中，人们常将其戏称为“巨大突破”[①]，但它确实为量子力学的诞生奠定了基础，也为认知宇宙提供了一个全新的视角，它对于全人类的重要意义是不可估量的。

量子力学首要关注的是原子和它产生的光。与此同时，它不仅为哲学思考开辟了新领域，也使许多技术得以发展，例如使晶体管成为可能。目前，这些新技术已完全融入百姓的日常生活中，也为全球经济发展做出了巨大贡献。量子力学既标志着自然科学领域一项令人惊叹的发展的开端，同时也代表了一种思想的高潮和结束，这种思想为人类创造了一个新的知识

① 德语原文 Quantensprünge，意思是巨大突破，在物理学领域也特指量子跃迁。

类别。这里所指的是基于概率的知识，它不从决定论的角度出发认识自然，而是探寻自然在统计学意义上的规则，研究自然现象的频率和分布。如今，概率的知识早已是我们日常生活的一部分，我们会用它预测选举结果或预报降雨情况，但它也给许多人带来了麻烦，他们寻找了许多地方，试图去发现隐藏的参数，来帮助人们更为准确地预测天气变化，但最终都无功而返。量子力学的理论中也有与概率相关的部分，但它只能告诉人们一个放射性原子大约什么时候会产生辐射，在哪能找到某个电子，或者某个特定的光子是被吸收了还是被反射了。这些留存下来的统计学元素让爱因斯坦十分恼火，也促使他说出了那句有名的“上帝不会掷骰子”（听起来好像有人能规定天堂的主人必须做什么似的）。

同样，普朗克也对自己 1900 年提出的理论不满意，但他尝试接受这些不合理的“巨大突破”。他最重要的贡献在于理念革新，他发现，人们不能继续将物质辐射出来的光的能量看成持续的电流，而应当将辐射射线拆成一个个独立的能量包，它们都为光增添了独特的个性。当普朗克成比例地将光量子的能量与其频率相对应时，他能完美地预言出一个黑体在热辐射中的颜色变化。对此，他并没有感到欢欣鼓舞，而是立刻用自己一如既往的谨慎态度进行审视：光波是连续性的，这是一个物理学中公认的事实，普朗克自己也对此深信不疑。他和其他物理学家，包括 1905 年之前的爱因斯坦，对经典思想的信任始于苏格兰物理学家詹姆斯 · 克拉克 · 麦克斯韦的卓越成就，后者于 1870 年前后成功地将此前彼此独立的电场与磁场统归为电磁场，并从动力学角度研究电磁波现象。麦克斯韦用四个方程式向众人介绍了自己的天才发现，今天人们也经常在 T 恤上看到这四个方程式，以及时常出现在方程式前面的那句“要有光!”。事实上，麦克斯韦原本可以揭示，电磁波的能量会如何转化成光的波形运动，他甚至能准确地计算出波形运动的速度，就像 19 世纪末海因里希 · 赫兹通过实测所得出的结果一样准确。在人们开始测量光电效应、提出反驳意见之前，物理学的世界似乎一切都井井有条。然而，爱因斯坦斩断了戈耳狄俄斯之结，他没有受光波观点的影响，而是选择相信普朗克关于不连续光量子的提议。这意味着，爱因斯坦认为应当赋予光双重特性，允许它一方面作为连续的光波向外传播，另一方面则以微小的量子形式呈现。从那时起，人们将其称为光子，这个名称听起来很像电子，人们在第一次听到时会认为它所指的也是微小的球形粒子。不过，人们无论如何也不能将它设想为常规的粒子。自 1905 年起，爱因斯坦在其生命的最后 50 年中不断思考，人们如何能理解光子的特性，但他却从未靠近过真正的答案。在自己生命的暮年，爱因斯坦抱怨道，当时的“每个骗子”都认为他知道什么是光。但这些骗子彻底搞错了。就像那个长久以来赋予自己的哲学思想以神秘的双重特性，并获得他人信服的伟大之人所写一样：“（人类）所能经历的最美妙的事恰恰是神秘莫测的。这是一种基本感觉，它从真正的科学和艺术诞生时便存在。”对此，爱因斯坦补充道：“不了解这种信仰的人、不再能对世事感到惊讶和赞叹的人，在某种程度上可以说无异于死人，他的眼睛也毫无作用。”当人们拥有了理解的内在之光时，他们会发现，世界的外在之光充满了神秘感，也始终保持着神秘的状态，而事物的这种神秘感正是其魅力与美丽的来源。只要人们坦诚相对，不对世界不加理睬，科学自然会将魔法赋予世界。

从哲学视角出发，人们借助“互补性”的概念探讨光的波粒二象性，尼尔斯·玻尔也将此概念引入了物理学界。玻尔倾向于认为，对大自然的每种描述都会存在第二个版本，尽管它与第一种相矛盾，但二者所享有的权利是平等的。他谈到，关于知识，世上也存在着互为补充的两种描述，二者都是正确且必要的，而通过二者之间的张力，真相才得以保持住自己的神秘感。据此，爱因斯坦发现，光在描述自己的特征时也存在“互补性”的需求。需要说明的是，尽管许多人常常会忽略其中的关系，但这种二象性本质上更符合浪漫主义精神，而非启蒙思想。

在谈论物理学时，“浪漫主义”一词的出现也许会让人感到意外。然而，它却对物理学具有重要意义，此中原因可以在爱因斯坦对光的阐释中窥见一二。正因为在研究中完全出乎意料地发现了启蒙思想的极限，他才对自己的学问产生了浓厚的兴趣。在18世纪，启蒙思潮的代表者已用确信不疑的态度向世人证明，那些首先对世界提出理性问题（什么是光），随后寻找到合理答案（光是一种电磁波）的人，掌握了人类赖以生存的知识。启蒙运动时期，没有人预想到知识中会出现矛盾，也没有人预计到爱因斯坦会在1905 年亲身经历这一切。而启蒙运动之后的浪漫主义代表人物则预见到了矛盾产生的可能，同时他们也看到了自然界中“对立法则”产生的影响：有白天就有黑夜，有男性就有女性，有部分就有整体，有吸气就有呼气，有意识就有无意识，外在相对于内在而存在，思维中也增添了梦境的内容。许多人也能想起更多的对立，包括我们今天谈到的模拟的和数字的，以及连续的和片段的。

对于浪漫主义代表人物发现的这种对立性，爱因斯坦只能依靠光的二象性进行感知，这也让他在研究中十分迷惑，因为在光的性质这个科学问题上，他无法找到一个明确的答案。难道光的性质不能通过实验进行解释吗？实验结果表明，这恰恰行不通，因为人们在对光进行测量时，必须首先确定一个自己想要探究的问题，从而牺牲掉另一个，例如，人们必须要决定是研究光的波长还是光在晶体内运动的轨迹。人们无法在一个单一的实验设计中精准地确定二者，只有对其分开测量，才能更清晰地呈现光的互补性（互斥性、二象性）和能量。

当然，人们在讲述这个时期的光学知识时，也不应忘记为浪漫主义保留相应的位置。因为，一方面，人们在浪漫主义时期首次成功发现了不可见光；另一方面，人们也开始接纳用不可见力量（由地球引力场产生）解释可见过程（例如物体下落）的观点。与此同时，存在于力量之外的、长时间未被注意的能量终于在浪漫主义思想盛行的年代获得了它应有的重视。1700 年前后，艾萨克·牛顿等物理学家更喜欢谈论力量和运动，因为他们可以或多或少地对其进行直接观察，直到 1800 年左右，物理学界才出现能量，而它在 19 世纪变成了社会历史中的一个重要的影响因素，甚至变成了整个时期的中心思想。如同历史学家奥斯特哈默尔同名书[①]中描述的一样，能量引发了世界的改变。如果没有能量，任何人都无法理解世界为何会变成现在的样子，也没有人能理解“万物皆有时”。

我们不妨回忆一下，“能量”一词最早源于亚里士多德。在他眼里，现实必须不断地进行（有设计

① 指的是于尔根·奥斯特哈默尔在贝克出版社出版的书籍《世界的演变：19 世纪历史》。

的）变化。最初，世间万物都以某种可能性的形式或以哲学家们所指的“潜能”形式存在。它们在特定作用力的影响下，由一种“res potentia”（介于可能与存在之间的物体）转变为某种现实经历，亚里士多德将这种作用力称为“energeia”[①]，也就是我们如今理解的“能量”，它也激励着人们为自己寻找源源不断的生命源泉。亚里士多德认为，世界上所有的运动皆是通过“不动之动者”产生，人们也可以将能量视为一种“不动之动者”，领会这种作用力无法摧毁的特性。而众所周知，能量本身具有转化能力，鉴于此，当人们重新发现它的时候，也许会更愿意称它为“动之动者”。

由此我们可以清楚地看到，在20世纪20年代逐渐形成的量子力学以及它研究对象的互补性特征究竟为何与众不同。以亚里士多德的观点来看，互补的两种特性都可以“依据可能性而存在”，但由其产生的某一种表现形式却始终“依据现实性而无法存在”。在人类历史中，量子力学首次尝试作为（成为）一种

① 希腊语，意为“能量”。

变化理论，研究由人引起的运动和转变。在哲学视角下，这点与浪漫主义的思想很契合，后者只关注具有创造力的行为和运动；从数学角度来说，量子力学的方程式中不包含任何数字（测定数值），而是用一种算符来研究观察者的介入，这本身也是浪漫主义思想的体现。量子力学的测量设计决定了，量子世界会以何种形式呈现出来，而当无人对其进行细微观察时，量子世界的形式（从字面上理解）也是不确定的。同样，光的本质原本是不确定的，直到有人想要了解它的波长或光子的分布，它才因此以某种特定的形式呈现在人们面前。受此影响，沃纳·海森堡于 1927 年在原子领域发现了著名的物体不确定性原理，并用更加清晰的形式阐述了自己的研究思想。他认为，电子在原子内的运动轨迹之所以产生，原因在于人的研究和描述。

如浪漫派学者猜想的一样，人们也通过这种方式，在世界的最深处重新发现了自我。1925 年，海森堡提出了第一个量子理论，此时的他已经放弃了希望，不再尝试通过模型去描述原子。取而代之的是，他将自己的研究视野聚焦于原子发出的光，并致力于构建一套完整的理论。海森堡试图在能量始终保持恒定不变的条件下研究光的产生。正是他对能量守恒定律的坚持，才让人们能发现原子，并更深入地研究与之相关的规律。

作为科学哲学的经典观点之一，哲学家卡尔·波普尔提出，所有的实证研究都只能提供假设性的知识，因为其研究逻辑在于，人们首先得提出一种假设（例如物体燃烧之后会变轻），才能通过实验来对其进行验证或证伪。但奇怪的是，首先会帮到人们的往往是证伪的实验，因为当人们知道当前假设不成立时，紧接着可以着手验证另一种假设，探索为什么物体在燃烧后重量会增加。

能量守恒定律并没有遵从这个逻辑。在证明该定律的过程中，人们不需要持续地进行测量，核查能量平衡，或仔细地观察机械运动如何通过摩擦转化成热能，电压如何产生电流继而维持冰箱运转并为居家提供照明；人们也不必害怕，他们在观察过程中的某个时候所发现的错误情况会破坏这个所谓的热力学第一定律。能量守恒的研究成果并非假设性的知识，自然也无法通过实验被证伪。相反，它源自理论的最深层，属于人类依靠数学方程式才能够理解的、大自然的基本规律。尽管能量守恒在当时尚未成为人们的共识，但科学家们自1918年起便已洞悉了其中的奥秘。女数学家埃米·诺特证明，世界上某个物理学量的保存，例如能量，与物理过程及其规律的对称性有紧密联系。学界将这个令人惊叹的发现称作诺特定理，认为它是人们非常值得了解的知识。

理论物理学家口中的对称性，指的是物体能依据方程式开始参与实验，并在实验完成后不产生任何变化的情况。比如说，人们可以在不改变外观的情况下反照出某个形状，这种现象被称为镜面对称，它能发生在字母A和O身上，而字母R和P却不行。如果人们对时间的调整不会在物理世界产生任何影响，比如类似夏令时和冬令时的转换，人们会将其称为“时间对称性”，更准确的说法是“时差对称性”（或更为正确的是“时间平移不变性”）。由此看来，物理系统在时间维度上能呈现出这样一种对称性就不是问题了，因为测量的结果不受测量时间的影响，始终保持恒定不变。依据诺特定理，我们可以从这个事实和其中呈现的对称性中得出结论，自然界必定存在某种守恒的、不可摧毁的量。这里所指的就是能量，它一定是与世界和时间一起诞生，并以丰富的变化形式始终存在。

因此，上文提及的能量与时间之间不可分割的关系也就显而易见了，事实上，它也产生了十分深远的影响。一方面，时间将所有能量聚合在一起（这是恒定的）；另一方面，能量反过来能通过局部的高度聚合引起时间的改变。后者便是爱因斯坦在其相对论中提及的观点，本书也将在下一章中谈到。当人们开始观察这种相互“作用”时，能量和时间的不可分割性才会真正体现。物理学家用“作用量”来命名能量和时间的产物，在它的帮助下，他们早在17世纪便可断言，大自然产生的作用量从原则上来说是最小的。在雨滴下落或标枪飞行的过程中，它们都处于能耗最低的运行轨迹上，但没有人能说清楚雨滴和标枪是如何被引导着选择了这条最自然的路径。在原子领域中，居于统治地位的是作用量量子，这意味着，自身间或产生变化并促进世界量子化的不是能量，而是能量和时间的产物。通过这种方式，能量和时间两个物理量彼此依附在一起。而最新的研究表明，当原子的能量随着时间发生变化并转化成光能时，量子跃迁也需要找到它自己的时间。

如果歌德笔下的浮士德博士询问一位现代物理学家，是什么从根本上将世界聚合在一起，他可能会听到，“每种变化都会伴随一次由特意碰撞产生的量子跃迁”。凭借量子跃迁，作用量量子维持了原子的稳定性，也确保了人类世界的稳定。在歌德撰写《浮士德》时，人们还没办法知晓这个神秘的答案，因此其中的魅力也让他十分着迷。当人们开始了解量子物理学中与此相关的最新研究成果时，他们会发觉，这个领域仍旧充满了魔力。当然他们也不应该忽略，在此期间，这种魔力已经为科学带来了“多么美好”的发展。

我们不妨再回忆一下，在歌德生活的时代，物理学家只知道重力会导致物体下落。当歌德完成《浮士德》第二部分的时候，他们才发现由电场和磁场共同形成的作用量，即电磁（相互作用）力。如今，科学界还发现了另外两种相互作用，并称其为“强相互作用”① 与“弱相互作用”②。由于二者

① 亦可称为强核力或强力。
② 亦可称为弱核力或弱力。

的作用范围十分有限，所以长时间以来，它们一直未被科学家关注。尽管万有引力和电磁学的研究已遍布全球，尽管人们已发现小行星的环绕运行轨迹或已能校准磁针，人们对强弱两种相互作用的探索仍未能突破原子领域。在原子内核中，强相互作用将世界聚合在一起，并通过一种奇特的物质产生作用，它的名字很不寻常，叫“夸克”，但指的并不是鲜凝乳[①]。对此，现代的流行文学勾勒出了一幅简单的画面：在原子核中，名为“质子”和“中子”的粒子正在东奔西跑、四处玩耍，而组成它们的则是名叫“夸克”的更小粒子。夸克在原子内通过强相互作用彼此“黏合”在一起，共同组成原子核。物理学家想借此告诉人们，在夸克的周围，存在着许多紧紧围绕它的胶子[②]，而它名字中包含的英语词“glue”（胶水）也很贴切地描述了它的作用。依据这个观点，一种被物理学家称为“夸克胶子等离子体”的物质出现在了世界的最深处，提到它，人们会联想到黏稠的白粥或米糊。但这个表面上听起来很简单的事物却有其他更深

① 德语原文 Quark，原意为从酸奶中提取的鲜凝乳，也称为夸克奶酪。
② 德语原文 Gluon。

层次的含义。人们不能将夸克和胶子简单地设想成一种物质性的粒子，而应将其作为答案用来解释夸克胶子等离子体的方程式。这里提到的其实是一种“实体化的理念”，也是一种物质化的精神。人们在世界最深处遇见自己的作品，并通过（数学的）形式看清在那里产生作用的能量。夸克胶子等离子体不是一种人们可以任意切下一小块然后递给他人的物质，它更像一种原始现象，一种人类凭借充满创造力的想象可以进行研究的现象，如果有可能，歌德也许会写下美妙的诗句，献给这个答案。

然而，比强相互作用更令人激动的是弱相互作用。它可以促使特定的原子发生衰变，并确保衰变反应顺利进行，继而让太阳能够传递能量。此外，弱相互作用还成功地放缓了太阳内质子转化为中子的进程，确保地球上的生物在未来数十亿年中可以源源不断地从太阳获得能量。

不过，当人们满怀喜悦，尝试用通俗的方式对其进行科学解释时，还应仔细地斟酌词句，摸索着去呈现其中的意思。在过去，人们自然可以说物质的基础是原子，原子核由基本粒子构成；但今天人们知道，原子或基本粒子绝不像小石头一样，可以被用来搭建其他物质。在深入研究世界物质的过程中，人们会在某个时候偶然发现一些作用力和反应。尽管它们都能归入原子的范畴，但原子本身不再是某种具体的物质，也并不拥有某种外观，所有比原子更小的粒子也是一样。物理学家们只有明白了这个道理，才会注意到本章伊始所涉及的内容。物理学家的研究内容并不是对大自然进行描述，他们描述的是人们关于大自然的知识，这已经足够重要了。

还值得一提的是，“粒子”一词听起来十分简单，但物理学家用它指代的是处于时间与空间中的旋转。旋转可以朝两个方向进行，这也为该词赋予了双关的意义。物理学家们尝试用一种全新的参变量去理解这个现象，它不同于传统的思维方式，科学家们将其称为“自旋”。人们可以借助普朗克引入的物理常数[①]来标注一个自旋的角动量，而其中重新出现的平分法[②]也促使物理学家沃尔夫冈·泡利开始思考这个友

---

① 这里所指的就是普朗克常数。

② 与轨道量子数值只能取整数不同，自旋量子数可以取半整数的值，例如0、1/2、1、3/2 等。

善的问题：在不断出现的怀疑声中是否隐藏着一个魔鬼，才让人们一直喋喋不休。泡利悄悄地告诉人们，电子的自旋量子数为半整数，而光子的则为整数。这个结论虽然听起来很简单，但对后世却具有深远的影响。作为物理学的众多认知之一，自旋和粒子在显微镜下静力学状态之间的相互联系也十分引人关注。带有整数自旋的光子会成群结队地出现，因此人们可以非常清楚地看到光束中光波的运动。与此同时，带有半整数自旋的粒子，例如电子，则会单独出现，并沿着自己的轨道围绕原子核运动，以便产生化学反应。电子汇聚成电流之后，也会独自在晶体内运动，导致彼此多次碰撞，最终形成电阻。一方面，物理学家能凭借不同方法对电阻进行测量，另一方面，他们也发现，需要将能量转化为电压的形式才能消除电阻。但如果人们可以将一块金属的温度降到足够低，晶格便能将带电量相同的两个电子结合在一起。由此产生的电子对带有整数的自旋，可以成群地运动，继而产生无电阻的电流。学界将这种现象称作超导电性，对此，人们大可以放心地表达自己的惊叹。

最后我们来复习一下，这些令人着迷的秘密其实是包含着电子的原子和包含着光子的光，当能量由粒子转变成辐射并向外传播时，一切就好像是魔法一样。除此之外，人们会惊叹，能量在整个转化过程中丝毫没有损失，人们也会惊奇地发现，光是如何将自己的能量转移到地球的植物身上并帮助它们合成生存必需的化学分子的，例如糖。在光能的转化过程中，有许多分子结构参与其中，其中的一个叫“叶绿素”（Chlorophyll），它也被称作“Blattgrün”[①]，因为它是大自然中绿色调的源泉。当光被植物吸收时，其中的电磁能通过叶绿素转化成化学能，继而形成更大的分子结构，即“光收获复合体”和“反应中心”。二者随即出现“纠缠”现象——一个原本由理论量子力学学者在原子身上发现的现象。这里所指的是原子之间的相互影响，人们可以通过实验观察到，不同的原子可在某一瞬间毫无时间差地呈现出同样的状态。当两个“纠缠”在一起随后又分开的量子中有一个发生变化时，人们无需采取任何措施（例如转移能量），另一个也会出现同样的变化。同它的名字一样，量子纠

① 由叶子（Blatt）和绿色（grün）两词构成，意思也是叶绿素。

缠的现象让人十分难以置信。但如果人们能想到，纠缠在一起的量子会以整体系统的形态出现在原子世界里，也许就能更好地理解它了。人们会发现，量子系统中存在的粒子与电子或原子类似，二者之间的区别仅仅存在于语言上，它们之所以拥有不同的名称，只是为了让人们能够分别谈论它们。事实上，电子和光子都是纠缠在一起的量子系统（整体）。更令人惊异的是，有关光合作用的最新研究发现，含有叶绿素的光收获复合体会将自身的光子纠缠在一起，并以此将吸收的光变成一个永恒的整体来发挥其作用。光与生命以这种令人不可思议的方式完全紧密地关联在一起，让伴随着阳光抵达地球的能量充分地发挥自己的作用。

第二章　宇宙中的地球

当人们站在地球上仰望天空时，会很容易理解，为什么人类在历史进程中会将自己生活的世界一分为二，分为地上属于自己的世俗世界和天上庄严的神的世界。人们也称这两个世界为“此岸”和“彼岸”。关于二者，亚里士多德进行了精确的划分，他区分了月亮那边的天上世界与地球这边的世界，他也发现，两个世界遵循着不同的规律。当人类或物体在地球上运动时，必然会受到重力、摩擦力等各种力的影响，对此，亚里士多德并不能准确道出其中的奥秘，也无法从数量上对这些力进行感知。他对运动定律和望远镜都了解甚少，但他确信，自己用肉眼观察到的、行星在天空中的运行轨迹必定遵循了某种更高级别的规则，因此它们才会沿着神为其准备的球形轨道不断运动。中世纪的著名诗人但丁接受了这个关于天穹的设想，他在自己的作品《神曲》中，在所有行星的球壳之上构建了水晶天[①]，为其增添了基督教的色彩。人们认为水晶天中存在着世界的原动力，即“宗动天”，能带动内部所有事物持续运转（人们可以将其类比为今天的能量）。在这样一种地球中心说的宇宙观里，人们认为地球位于宇宙的中心并被太阳环绕，这也符合人们每天亲眼所见的现象：人们在早晨期待阳光的到来，并在晚上与之告别。如果事实如哥白尼15 世纪在《天体运行论》[②] 一书中所写的一样，太阳不会升起和落下，而是静止的，日出与日落只是源于地球围绕太阳的运动，这一切或许会更容易理解。在他看来，行星并不会自己运动，推动它们运动的是藏在天体内的“天行者”们。

然而，哥白尼并不能为自己的日心说观点提供任

① 也作原动天，属于《神曲》天堂篇九重天说。

② 原书名为拉丁语 *De revolutionibus orbium coelestium*，德语书名为 *Die Umwälzungen der himmlischen Kreise*。

何证据，他之所以认为太阳是宇宙的中心，是因为对古典知识的认真态度。他认为，太阳的体积和质量比地球大很多，所以更难以移动。直到19世纪中叶光学精密仪器出现后，人们才开始进行天文学观测。与地心说时期相比，通过天文观测产生的新认知更受大众认可。因此，人们无法想象，哥白尼当年推翻“地球中心说”会让同时代的人多么愤怒和反感。而哥白尼不断提升自我，勇敢地让人类更靠近真相的做法，却是后世许多人津津乐道的话题。

如今，当人们谈论哥白尼转折或哥白尼革命时，会追溯到伊曼努尔·康德关于地球第二种转动的思考，即哥白尼所指的自转。康德认为，地球的第一种运动环绕太阳进行，周期持续一年，而第二种运动则是围绕着自己的地轴。地球的自转不仅带来了每天的昼夜更替，也让康德萌生了新的想法。他将星星视为静止的物体，尝试用地球上人类的运动来解释星星在天空中发生的位置变化。带着这个想法，康德推动了形而上学领域的哥白尼式革命。他认为，人类的理性可以为大自然确定规则，以便对其进行分析与理解。

经历这次革命之后，人又重新站在了世界万物的中心，这本是哥白尼不愿再看到的情况。自那时起，世间万物的运动便开始依据艾萨克·牛顿在其1687年出版的、令人惊叹的《自然哲学的数学原理》一书中提出的规律进行。在书中，他讨论了太阳系中行星、卫星和彗星的运行，他所勾勒出的宇宙系统图景，随后以“牛顿的钟表结构”之名闻名于世。当然，那时的人们并不认为他所设想的世界模型真的如同带有精密传动装置的钟表一样，是可计量的，相反，他们对牛顿的想法一头雾水。尽管天体的运行也需要遵循物理学定律，但由于“天上”的事情过于复杂，分支庞杂，并且有太多的粒子参与其中，人们始终无法预测，天体会在某一瞬间呈现出何种形态。

当牛顿审视自己所取得的成绩时，他谦虚地将自己比作一个在海滩上玩耍的孩童，虽然他对面前的大海知之甚少，但仍旧会因找到一个贝壳而欢呼雀跃。时至今日，这种情况并没有发生多少改变，人类对星星的追求远远大于对深海的兴趣。目前，已有数十人成功地从月球返回，人们也总能目睹宇航员成功登陆火星，可对大洋最深处的科考探险却寥寥无几。对于黑暗，人类始终怀有一颗畏惧之心。

让我们将视野再转回牛顿。尽管人们乐于将《自然哲学的数学原理》称作自然科学领域影响最深远的著作，但我们也不能忽视它对哲学领域以及整个文化的影响。例如，牛顿在书中介绍了宇宙中的作用量，即重力或万有引力，也提出了一条可以计算两个质点（例如地球和太阳）之间作用力的定律。借助该定律，人们甚至能对此前约翰内斯·开普勒在17世纪提出的行星运行规律进行推导。开普勒提出的定律中，最重要的是第一定律，他对观测数据进行了仔细的数学分析，并成功证明，火星的运行轨道不是圆形的，而是椭圆形的。“行星的运行轨道是椭圆形的”，这条定律听起来似乎无关痛痒，其测量数据上的差别也微乎其微，但它却深刻地改变了人类的思想。即便是具有革命性影响的哥白尼，也无法在思考天体运行时抛开神的影响，所以他既没有理由，也毫无可能在“彼岸”的天空中探寻能解释物体间关系的规则。开普勒发现椭圆形轨道后，立即撰文发表，揭开了天文学真正革命的序幕。神能创造天体，但不会为其创造椭圆形的运行轨迹，因此，对于这个几何图形，人们也必须进行进一步解释。它不应再是一种超验的存在，而是属于物体内在的、源于物体自身的东西。最终，牛顿于1687年[1]提出了万有引力定律，也为解释工作画上了一个句号。

牛顿的学说深深地触动了科学界，这并不奇怪。康德将牛顿的物理学理论视作一种先验性的事实，他也认为，空间与时间就如同牛顿在《自然哲学的数学原理》一书中所描绘的一样，是一种绝对的量，既不依赖于任何观察者，也不依赖于时空中存在的任何物体。当然，人们也会将二者设想成彼此独立的量，将时间设想成一条在空间内规律流动的河流。同时，牛顿力学也是科学界的巨大成就，在它的帮助下，人们开始理解地球上的许多现象，例如涨潮与退潮的相互交替。在不久后的18世纪，全世界的科学家通过科考证实，地球的形状并不是一个完美的正球体，这也得益于牛顿的力学学说。事实证明，地球的两极之间存在大约0.3%的扁率[2]，即21公里左右的位置偏差。虽然人们从宇宙中几乎无法用肉眼感知到这种偏差，但当测量结果于18世纪下半叶公之于众时，仍给人

① 德语原版中为1678年，特此修正。

② 即地球椭圆体的扁平程度。

类留下了极为深刻的印象。很显然，人们可以用牛顿力学和其中涉及的作用力来解释整个世界。因此，人们不禁开始担忧，牛顿的定律是否有一天会波及每个人，继而决定他们的生活。18 世纪中叶，欧洲正处于“古典启蒙运动和牛顿狂热的最高峰”，或许人们在第一次听到这句话时会感到很意外，但在文学领域，“幻想文学初露锋芒，对人们试图完整探究牛顿学说之光的诉求进行了回应”。诺瓦利斯、霍夫曼[①]等诗人开始在人身上寻找一片内在的天空，他们发现和创造了一个“内部宇宙”。诺瓦利斯写道，这个宇宙既代表着个人层面的无穷无尽，同时也与无止境的科学宇宙共存。

伴随着人们对地球扁率的探索，地球也逐渐步入了自然科学家的视野。17 世纪以来，一些研究者开始勇敢地怀疑，《圣经》中为地球年龄设置的时间标尺是否正确，他们越来越相信地质学的观察发现。作为第一人，丹麦的自然科学家尼尔斯·斯滕森[②]最早

① 恩斯特·特奥多尔·威廉·霍夫曼（Ernst Theodor Wilhelm Hoffmann），笔名 E. T. A. 霍夫曼（Ernst Theodor Amadeus Hoffmann）。

② 原名 Nicolaus Steno（尼古拉斯·斯坦诺），丹麦语为 Niels Stensen。

发现了岩层，他认为，位于最底层的岩层是年代最久远的。通过小心翼翼地挖掘，人们在不同岩层中发现了生物的残留（化石），这也让与牛顿同时代的罗伯特·胡克萌生了一个想法，将不同岩层中发现的、已经充分石化的生物同此前地质时期主要的环境变化和生存条件联系起来。逐渐地，人们能够考据的时间越来越长，目前地质学家已能追溯至数十亿年前。依据教科书中的记载，地球和它所属的星系自 45 亿年前便已经存在。令人惊讶的是，生命的萌芽并未滞后太久，早在 40 亿年前，地球上便已留下了最初的生命痕迹。在地球的后续发展历程中，人类直到被地质学家称作全新世的地质时期才出现。最新的研究发现，尽管人类在 30 万年前才作为智人第一次看到光明，但他们对地球和地球的大气系统却产生了最深远的影响。因此，许多人建议将当下的地质时期称为人类世或人新世，并将 20 世纪中叶作为它的开端，这也与人类第一次投放原子弹密不可分。这场悲剧中的好消息是，人们发现生命有能力快速地适应自己的新壁龛，人类在他们的时代通过工业生产和建造城市生存了下来，却也以此加速了气候变化，为环境增添了负担。

我们在谈论如何确定地球年龄的时候，必然会提到爱尔兰神学家詹姆斯·厄谢尔，他将《圣经》中提到的所有年份信息相加，认为自己可以确定上帝创造地球的时间。依据他的估计，地球诞生于公元前4004年，他甚至十分有勇气地将10月23日确定为地球的生日。然而，一个与厄谢尔同时代的人想要更进一步确定上帝创造地球的精确时间，他经过精密计算后发现，这一切发生在上午9点。

这里所提及的世界诞生日和人类诞生日，都被精确地记录在查尔斯·达尔文19世纪环球旅行时所带的那本航海大全中，在达尔文眼中，它们恰恰体现了神学领域的自然研究和它所得出的结果是多么荒谬，过度地追求精确性可能是致命的。神学家们对精确性的追求使他们失去了作为博物学代表的传统，人们转而相信自然研究者，很快，他们获得了“科学家”的称号，并以这个身份开始塑造世界。

直到很久以后，这伙人才有能力对过去的时间做出更为精确的说明；与此同时，物理学家们开始专注于放射现象，研究出现衰变并以射线形式辐射能量的原子。1905 年，人们建议将原子的放射性变化用作地质时钟，这是可行的，因为原子变化的过程会呈现出半衰期的特征。虽然人们还无法确定某个单独的转变何时会发生，但放射性元素（它们的同位素）中的放射性原子有半数发生衰变时所需要的时间会遵循它特有的半衰期特征，人们也能以此来确定样本的年龄。

在人们开始对物体的放射性进行测量的同时，物理学家海因里希·赫兹依据詹姆斯·克拉克·麦克斯韦提出的理论成功地生成了电磁波。赫兹发现的电磁波表明，麦克斯韦方程对光的描述确实是正确的，它也促使爱因斯坦发表了彻底改变物理学的论文《论动体的电动力学》。该论文的内容源于麦克斯韦方程式，它与牛顿力学一起构建了令后人骄傲的经典物理学结构体系。然而，经典物理学的两个支柱理论之间并不和谐。其中的原因在于，麦克斯韦方程式认为，公式中的光速是一个常数，这种情况在牛顿的力学体系中不可能出现。当爱因斯坦尝试消除这种矛盾时，他发现，只有一条路能让麦克斯韦和牛顿的学说互相和解，从而避免物理学体系的坍塌。他必须对空间和时间这两个基础的物理量下手，牺牲二者的绝对特征，并将其互相关联。最终，他完成了这个伟大的成功之作，也就是我们今天熟知的相对论。

相对论指的是一个物理量（例如时间）同另一个物理量（例如空间）之间的依赖性。爱因斯坦提出，宇宙中的时间和空间不是独立存在的量，而是彼此关联的，它们共同构建了一个四维时空。为了更深刻地理解相对论，人们在晚上遥望星空时应当明白，映入眼帘的每一点星光都耗费了许多时间才最终抵达自己的目的地。人们对空间的观察，同时也始终是对时间的观察，因此，人类所居住和观察到的宇宙本质上是一个时空的统一体。

爱因斯坦的观点在当时并未得到大家的公认，但有一位物理学家却始终对他表示支持，他就是马克斯·普朗克。普朗克甚至表示，在自己生活的时代出现了另一个哥白尼，他就是爱因斯坦。第一次世界大战期间，两位科学家共同在柏林工作，也是在那里，爱因斯坦花费了不少精力进行思考，领悟了其中的奥秘，并最终于 1915 年提出了狭义相对论的扩展，即大家熟知的广义相对论。爱因斯坦在 1905 年指出，空间和时间是融为一体的，这也引出了他同年发表的著名的质能等价观点。10 年后，爱因斯坦提出，质量与空间之间存在一种相关性，空间的几何性依赖于其中是否存在物质。他认为，欧几里得的线性几何学原理（例如两条平行线永不相交）只适用于不包含物质的空间，而当空间中存在有质量的物体（例如太阳）时，空间会发生弯折，就像人们熟悉的球体表面一样。尽管两条线在物体的某一点上（例如地球的赤道上）彼此平行，它们仍旧会在延伸的过程中汇集到一起（例如在地球的两极处）。爱因斯坦还向人们展示了他们所生活的世界既没有尽头也毫无边际，这也为弯曲的时空继续增添了魔法般的魅力。对于无尽的空洞和被封锁起来的生活，人类都怀有畏惧之心，爱因斯坦消除了人们的这两种恐惧，为他们呈现了一个带有人道主义意味的宇宙。

然而，爱因斯坦的成就远不止于此，他还将时间与空间、空间与物质以及物质与能量捆绑在了一起。归功于爱因斯坦，时间、能量及其影响的一切事物突然被交织在一起，呈现出了一幅完全崭新的世界图景。生活在爱因斯坦时代之前的人们认为，由空间与时间构成的所有事物（以及它们的质量和能量）都会消失，最后留下空空如也的宇宙。而借助爱因斯坦的相对论，人们知道，如果这些事物消失，空间和时间也将不复存在，只残留下一个点。假如人们改变一下思路，他们会发现，世界的产生同样有可能源于这样一种无法延伸的构成物。从那时开始，宇宙学家们认为自己有能力更准确地估计世界诞生的时间。在他们看来，世界始于“宇宙大爆炸”，英语表达为“Big-Bang”。这种说法最早出现于 1927 年，由一位名叫乔治·勒梅特的神职人员首次提出，他认为宇宙的起源是一个“原生原子”，而这个原子自然也掌握在神的手中。

在爱因斯坦发表广义相对论到勒梅特提出上述独特观点之间的数年中，人们尝试从物理学上理解宇宙的膨胀发展，其间也发生了一些充满戏剧性的事。作为当时能对距离进行最精确测量的人，天文学家埃德温·哈勃于 1924 年发现，仙女座星云的位置在银河系之外，可以被视作另一个独立的星系。随后，哈勃和其他天文学家也陆续发现了其他星系，到如今，人们发现的星系数量已超过一千亿个，但他们用肉眼在漆黑的夜空中能看到的星星数量却没有任何改变。

1929 年，哈勃在测量远距离恒星岛时发现，距离地球越远的星系会以越快的速度朝远离地球的方向运动。哈勃揭示了其中速度与距离之间的线性关系，这也立刻让人联想到“宇宙诞生于某一点并不断膨胀”的观点。随着哈勃论断的出现，勒梅特的工作获得了越来越多的关注，尽管他的研究路径不同，但在那时已经得出了和哈勃一样的结论。勒梅特所提出的原生原子并非宇宙大爆炸之前那个致密炽热的奇点，大家目前熟悉的大爆炸概念和理论直到 1948 年才出现。当然，我们似乎不能否认，尽管使用原子弹是非常残忍的，但第二次世界大战末期的原子弹爆炸却为人们之后接受宇宙大爆炸的观点做出了贡献。在世界广为流传的战争图片和影像中，人们也领略了这类爆炸产生的影响力。当时，主张宇宙大爆炸理论的是俄罗斯物理学家乔治·伽莫夫，他研究和探索了许多相关问题，包括恒星如何进行化学元素合成等。在他最终找到方法、成功证实高温大爆炸能产生质量较重的元素时，伽莫夫意识到，最初生成的光能中仍有一部分必定还存在于宇宙中。这里所指的是后人熟知的宇宙背景辐射理论，它存在于微波领域，直到1964年才被真正发现。

随着宇宙以这种方式变得更大，也更易于理解，对地球的探索之旅也扬帆起航。在20世纪20年代，研究格陵兰的学者阿尔弗雷德·魏格纳在他的《大陆与海洋的起源》一书中指出，地球的表面由板块构成，它们可以自由移动和重新组合。他在1912年首次提出了这个观点，但在那时几乎没有引起任何波澜。如今，这个观点获得了巨大成就，它被称为大陆漂移理论，主要研究地球内部的动力机制，以地表板块构造的形式为许多现象提供解释。魏格纳观察到，非洲和南美洲的海岸线很明显互相吻合，这也是他研究的出发点。虽然人们此前已经发现两块大陆的形状彼此互补，但没有任何地质学家想到，存在一种力量能让所有大陆开始移动，对此魏格纳自己也不太确定。迄今为止，尽管人们在这个领域所遇到的问题比一百年前还要多，但没有任何人对魏格纳观点的正确性提出质疑。

如今，人们可以更好地理解，一个数亿年前存在的名为“泛大陆”的超级大陆如何在由地幔不同密度和温度引发的对流影响下裂开。它导致的结果是，位于地球最表层大约100千米厚的坚硬层——也叫地球的岩石圈——首先分裂成不同板块，随后各自作为单独的地块开始运动。在此期间，地球物理学家们借助地球的内在（源于地球自身的）动力学说和板块构造学说认识到，在大洋中脊的某处，热岩浆会从地幔的软流圈中上涌并形成新的、比大陆地壳年轻许多的海洋地壳。除此之外，他们还发现了隐没带，它们通常位于海底凹地，在这里海洋地壳会慢慢地重新融入地幔。

在各个大陆板块开始移动并产生碰撞时，它们可能会卡住彼此，由此形成的压力最终会以地震的形式被释放出来。地震发生时，最强的压力堆积在含有易碎岩石的地层中，它们通常距离地面仅有近千米深。在地层深处，地球物理学家还能找到地震的发源地，并称之为震源。当地面开始摇晃，导致房屋倒塌、威胁人类生命并造成人员伤亡时，专家们会持续不断地寻找地震的震中，这里所指的是地表层中直接位于震源上方的部分。

据科学估计，在年龄超过40亿年的地球上，大陆板块每隔500万年就会重新聚集成超级大陆，并在板块的冲撞区产生高耸的山脉，例如今天的喜马拉雅山脉。由于欧亚板块和印度板块持续保持相向运动和互相碰撞，世界最高峰目前仍旧每年增高超过1厘米。

在1920年的书中，魏格纳证明了自己是一位跨学科的科学家。为了了解地球的历史，他必须既是地质学家和考古学家，又是气象学家和大气物理学家等。在他所有的研究中，地质结构的运动慢慢地成为最突出的难题，因为在他生活的时代，人们还无法对其进行测量。同样的事情在哥白尼身上也发生过，人们经历了一段时间的等待，直到科学的测量技术足够成熟，才最终证实他为宇宙勾勒出的新图景是正确的。最迟自1957—1958年的国际地球物理学年开始，关于地球的新图景已通过实验被充分验证，但在当时，科学验证的匮乏是阻挠魏格纳被同行认可的诸多困难之一。同样，阻碍魏格纳的还有他的物理学家身份和大陆移动原动力的观点，在他生活的时代，地质学家们关注的焦点主要是地貌和地下矿藏。不过，魏格纳采用全新视角来观察古老地球的研究经历也充分说明了，为什么科学为了超越现有视野必须不断冒着风险提出新的观察角度。

随着时间的流逝，人们不仅为地球开启了一扇新的窗户，对宇宙的观察也越来越多。宇航员们在对肉眼可见的电磁波进行观察之余，开始着手论证射电天文学，他们甚至尝试建造工具，用于接收来自宇宙的伦琴射线和伽马射线。由于高能的伽马射线或多或少地隐藏在地球大气中，所以人们必须凭借卫星才能对其进行观察。这也引发了自 20 世纪 60 年代开始的一次技术发展，最终产生了令人惊叹的哈勃太空望远镜。它的工作主要围绕可见光谱开展，同时还能观测光中的红外线和紫外线。

尽管从那时起，美国国家航空航天局投入使用了其他太空望远镜，但迄今为止令人印象最深刻的宇宙照片还是来自哈勃太空望远镜，名为“哈勃超深空”。凭借着技术上的卓越成就，哈勃太空望远镜经过数天的曝光拍摄，成功地在照片中呈现出了宇宙中极其微小的一部分，更准确地说，一个大小只有月亮直径十分之一的部分。然而，在一个行家看来，照片里首先映入眼帘的是黑暗的天空。自 19 世纪起，人类对黑色夜空的研究从未停止。历史学家喜欢将其称作“奥尔贝斯悖论”，原因是，生活在不莱梅的医生和天文学家海因里希·威廉·奥尔贝斯于1823年前后首次对此提出疑问——为什么宇宙中的情况与森林中的不一样？在森林中，如果人们看向一棵树然后转身，他们看到的应该是其他的树。当地球带着人类围绕太阳旋转时，为什么人们在天空中看不到第二个太阳？为什么夜晚的天空如此黑暗，就像人们用肉眼和望远镜看到的一样？

在回答这些问题之前，我们有必要介绍一下天文学家们发现的、不同类型的天体。在太空中，不同的星系聚集在一起，组成我们口中的星系团。例如，宇宙中有两个星系与地球所处的银河系聚集在一起，它们在专业文献中被命名为“大麦哲伦云”和“小麦哲伦云”。比较特殊的是，只有生活在地球南半球的人们才能观察到它们。恒星构成星系，星系聚集成星系团，而不同的星系团在一起又会形成超级星系团。宇宙中不同天体之间的等级次序大致如此，只不过，每个星系在诞生之时都会受到复杂情况的影响，继而需要遵循特殊的物理机制，因此每个星系（的形式）各不相同。假如有人尝试用一幅图去呈现现代天文学所描绘的宇宙，这个任务乍一看似乎毫无困难，因为他只用画出一个边长为1千亿光年的正六面体即可。如此一来，地球不仅会处于银河系的边缘，也会处在整个世界的边缘。人们必须得接受这个观点，因为比较滑稽的是，我们人类恰恰就是宇宙中不那么重要的角色，就像黑暗的天空一样。长久以来，物理学家们都致力于解释这种黑暗，但直到"宇宙诞生于约140亿年前宇宙大爆炸"的观点确定下来并被大家认可时，他们才有能力真正给出一个答案。对此，批评家们非常幽默地说，那些认为世界始于一声爆裂声的人，本身也有些不正常[①]。物理定律认为，因为当时的构成物质不具备透光性，所以早期的宇宙在发展初期是不透明的。在大爆炸刚发生时，由于温度过高，宇宙中并不存在现代意义上包含原子的物质。虽然那些基本的粒子（质子和电子）尝试通过自身的不同电荷"抓住"彼此，以构成氢原子，但在它们身边总是不断出现一个想要被发现并进行结合的光粒子，并将它们分离开。直到宇宙温度下降到3000开尔文（约2700摄氏度），

① 德语原文为Knall，既有"爆裂声、短促清脆的响声"的意思，也意为"发疯，（神智）不正常"。

原子才开始聚集，宇宙中也才出现第一道光。

因此，人们在夜间所看到的黑色天空，其实是处于不透明时期的宇宙。用这样一种因果倒置的方式，人们似乎解决了奥尔贝斯悖论。但无论如何，他们始终认为，那时宇宙的温度高达几千摄氏度。尽管这种以超高温大爆炸为出发点的观察方式听起来没什么意义，但它却清楚地告诉人们，每个以这种方式被加热的物质应该会发热并闪耀着明亮的光。然而，现实世界并非如此，现代物理学又该如何解决这种矛盾呢？

问题的答案就藏在相对论和宇宙正不断膨胀的事实中。正如多普勒效应所描述和预测的一样，物质正朝远离地球的方向运动，致使抵达地球的光线变得缺乏能量且频率单一。当光线的频率变得过于单一时，人的肉眼便无法对其进行感知，但天文学家凭借物理仪器可以，他们也因此记录下了著名的、也稍许令人奇怪的背景辐射。对此，物理学家鲁道夫·基彭汉写道：“漆黑的夜空告诉我们，恒星并非一直以来就存在，而宇宙正在不断膨胀、扩大。令人惊奇的是，我们不需要在运行轨道上架设巨型望远镜或望远镜，便可知晓宇宙的这些基本属性。我们只需从窗户望出去就足够了。”

虽然人们很喜欢这个观点，但如果他们从科学的角度进一步观察宇宙，会发现它也是十分令人眼花缭乱的。在天空中，天体物理学家们首先找到的是他们后来称作黑暗物质和黑暗能量的东西，这些东西也让他们非常心烦意乱。人凭借肉眼只能看到世界上 5% 的物质，而世界上有超过 20% 的物质是人类还无法领会的黑暗物质，并有超过 70% 的物质会产生黑暗能量。目前，人们只知道它们会加速宇宙的膨胀，使宇宙不仅变得更大，而且以越来越快的速度变大。随着人们对宇宙的了解不断加深，宇宙也变得越来越难以琢磨。例如，人们惊奇地发现，宇宙中有 0.005% 的部分是黑洞。在宇宙学家眼里，黑洞的形成是因为一个质量足够大的天体受自身引力影响而不断塌陷，最终收缩成极小的、不透光的一点。虽然爱因斯坦的理论早已预测了黑洞产生的可能性，但他本人并不喜欢这个观点。最终，黑洞还是被发现了，人们如今也知道，它们存在于每个星系中，包括银河系。依据被压缩的太阳质量的大小，从数倍、几千倍甚至到无法想象的数十亿倍，人们将黑洞分为小型黑洞、中型黑洞和大型黑洞。不久前过世的斯蒂芬·霍金发现，巨大的质量体在收缩过程中会产生温度，因此它们尽管名为黑洞，却能够对外产生辐射。现在，人们甚至可以观察到两个黑洞互相融合、最终构成双黑洞系统的现象。在如此罕见的天文现象中，时空发生了扭曲，并产生了辐射波，这也与爱因斯坦将近一百年前的预测相符。最近，人们证实这种辐射波是引力波，甚至还成功地绘制了第一幅黑洞的图像。在一项全世界参与的合作计划中，科学家们用8台射电望远镜组成了“事件视界望远镜”（EHT）。这里提到的“事件视界”指的是围绕在黑洞周围的空间，在非常巨大的引力影响下，任何光线都无法从其内部逃逸，而在其外部，时间是静止的。事件视界望远镜的观测目标是M87星系中一个具有数十亿太阳质量的黑洞，黑洞周围物质发出的光在自身重力透镜效应的影响下发生弯曲，在黑洞周围形成了一个环形光圈。人们在这里观察到的阴影，与2400年前柏拉图在《理想国》中所做的“洞喻”不同，后者所认为的真相只不过是洞穴墙壁上杂乱的影子而已。所以，人们不用感到绝望，大可继续保持惊叹并充满希望。人类利用数字化手段对天空进行的观察才刚刚开始。

第三章　生命一瞥

《生命是什么》，这是一本于第二次世界大战末期出版的小册子。在书中，因获得诺贝尔物理学奖而出名的学者埃尔温·薛定谔用文字记录下了自己 20 世纪 40 年代在都柏林所教授的课程。正如该书的副标题所说，他在书中描述了自己“从物理学家的视角观察生物细胞”的结果。薛定谔并不认为自己能在这部小作品中回答“生命是什么”这个重要的问题，但他希望自己能弄明白一些事情。事实上，这个问题时至今日都尚未解决，对此人们一点也不感到惊讶。薛定谔致力于研究的问题是：“如何用物理学和化学知识来解释发生在一个有机生命体有限空间内的、时间和空间上的进程?”于是，这位物理学家开始涉足生物学，对此他辩解道，这是人从祖先那儿“继承”下来的、对“完整的、包罗万象的知识”的渴望，同样，人们也渴望通过一种“普遍的观察方式”从受过教育的公众那里获得认可。薛定谔深知，那些如此尝试的人，同时也面临着“被人耻笑”的危险。尽管他在研究中处理事实的某些方式需要调整，但这并不影响他的书获得越来越大的成功。如今，人们仍旧能在书店买到这本书，也会在阅读时激发出自己的好奇心。“生命是什么?”这是一个好问题，人们必须借助所有科学的力量才能得出答案。

经过初步思考后，薛定谔在他的书中专门提及了一种新发展，这是在自然科学领域首次成功通过跨学科合作发现的。令这位诺贝尔奖获得者着迷的新观点源于 1935 年，他在书中将其称为“德尔布吕克模型”，并进行了阐释。薛定谔用这个名称指代的是一篇题为“关于基因突变和基因结构的本质”的论文，它来自一个三人小组，包括俄罗斯遗传学家尼古拉·季莫费耶夫－列索夫斯基、德国实验物理学家卡尔·金特·齐默尔及对生物学感兴趣的德国理论物理学家马克斯·德尔布吕克。他们成功地证明了人们可以将有机体的基因理解为“原子集合体”，如此一来，基因领域和物理学产生了联系。和原子一样，遗传物质在受到高能辐射时也会发生改变（即突变）。

这里所指的“原子集合体”概念来自三人小组中的德尔布吕克，受尼尔斯·玻尔在20世纪30年代的一次课程启发，他将研究兴趣从自己的物理学专业转到了遗传学上。玻尔课程的主题是“光与生命”，他建议生物学界的人们效仿物理学家，去寻找一个尽可能简单的实体，并在它的帮助下摸索普遍适用的规律。在物理学领域中，人们可以将氢原子视作这样的实体，现在德尔布吕克也开始为遗传学和生命体寻找类似的存在。他要找的是尽可能简单的目标物，于是，他将自己的目光锁定在细菌和噬菌体上。对此，德尔布吕克与意大利人萨尔瓦托雷·卢里亚共同在美国进行了相关研究，为现代分子生物学开辟了道路。在此期间，薛定谔也正在都柏林讲授“生命是什么?”的课程。两边的工作都围绕着基因展开，它似乎是对生命体本身和理解生命来说起决定性作用的因素。德尔布吕克和卢里亚一方面想弄清楚，细菌和病毒中是否也存在这种分子类型，这是一个在当时尚未解决的问题；同时，他们还想进一步知道，这些基因会发生怎样的变化。当环境发生变化时，它们将会如何发生突变？而薛定谔想要解释的是一个在物理学定律和生存能力的矛盾中暴露出来的具体问题。查尔斯·达尔文于1859年出版了鸿篇巨制《物种起源》，提出了生物进化论这一伟大思想，最迟自那时起，物理学家们便开始猜测，生物如何在遗传过程中保持自己所属的分类，它们又是如何在种系的发展过程中变得更加复杂，继而形成更高的等级。此外，物理学家们还很好奇，这些事实与19世纪拟定的热力学第二定律如何互相契合。热力学第二定律将参变量熵的增长视作物理学定理，熵增原理意味着，世界被注入能量后会变得更加无序，而与此同时，时间却不可避免地在流逝，正如每个人在日常生活中所见的那样。

为了有效解决这种矛盾，薛定谔建议为基因赋予一种特性，使其能“以一种密码的形式保存个体未来发展的完整模型”。凭借这个表述，他让自己的设想得以登上大雅之堂，而如今，这个想法可以借助“信息”的概念被人们更好地理解，并广泛接受。薛定谔的观点可以简单地表达为：生命通过置入和增加基因信息，来反抗物理秩序在规律范围内的坍塌。从1953年DNA双螺旋结构被提出开始，人们能亲眼看到生命是如何将这个信息保存在细胞中，并让信息随时做好准备的。

受薛定谔鼓励，许多科学家于1945年后将自己的研究从物理学（及其原子弹）转到生物学（及其细菌），在接下来的几十年里创建了分子遗传学学科，并在其中找到了那个令人着迷的结构。这里所指的结构便是DNA双螺旋，科学家们所用的这三个字母是脱氧核糖核酸的缩写，后者通常位于细胞核内。人们在20世纪50年代初期发现，DNA组成了一个名为“基因”的原子集合体，这也是细胞中的遗传物质。1953年，美国分子生物学家詹姆斯·沃森和英国生物学家弗朗西斯·克里克共同提出了富有传奇色彩的DNA双螺旋结构，至今仍被奉为经典。两人提出，DNA分子由两条相互缠绕的分子链组成，在螺旋内侧，碱基成对出现且两两对应。人们很快发现，碱基对序列（排列顺序）所呈现出的东西就是具体的基因信息。这是薛定谔在自己想象世界中预见的东西，也是他提出的对生命至关重要的建议。

在接下来的数年中，分子生物学家的队伍不断壮大，他们通过细致研究发现了生物是如何与体内的基因信息打交道的。人们还发现了细胞组织和它们的“工作原理”。如同薛定谔所设想的那样，它们首先将DNA中的碱基序列转译为氨基酸分子序列，并以此形成一组遗传密码。随后，彼此相连的氨基酸链通过自我展开，吸收处于活跃状态的大分子，生物化学家们将后者称为蛋白质，它们能够在一个细胞内进行（催化）所有属于该生物体的反应。这里所指的反应包括细胞分裂、免疫反应、组织的血液供应、消化和新陈代谢、处理信号以及许多其他内容。同样，人们还观察到，某些蛋白质会有针对性地促进细胞死亡，这也是分子生物学领域的惊人发现之一。学界将这种现象称作细胞凋亡，意思是细胞的自杀。学者认为，细胞凋亡很显然已经被置入遗传指令中——或许这是一种细胞程序？此外，它还会让人意识到，死亡也是生命的一部分。处于生长过程中的生物会生产出过量的细胞，并从中挑选出最适宜所处环境的那些细胞。余下的细胞必须消亡，因为它们会阻碍生物的生长过程。

在遗传学家们关注细胞死亡之前，分子生物学家们在20世纪60年代获得了一个又一个的成就，这也令他们越发相信，自己实际上已经“破解了生命的秘密”。此外，他们观察到的DNA结构以及DNA基因信息次序可能产生的变化，完全与19世纪达尔文提出的设想相符，这也让他们更加充满希望。正因如此，人们必须强调分子生物学与生物进化史的结合，因为达尔文的建议为分子生物学提供的是物理学中富有的东西，即理论。生物学家既不懂量子力学，也不懂相对论，但他们在这方面做得非常成功，这让人们不禁对伽利略的论点产生了怀疑。伽利略认为，自然这本“书”是用数学语言写成的，人们必须学会数学才能阅读它。对物理学而言，这或许是对的，但它并非适用于所有科学，科学家们更愿意在一本包含了不同语言的杂志中表达自己的观点。

在生物学领域，人们不会通过数学公式来回答“什么是生命”的问题，他们使用的是对特征的描述。依据这些描述，生物除了需要遗传物质（基因）之外，还必须拥有一个由细胞及其外壳（膜）所构成的封闭空间。对于所有想要找到生命起源的人来说，这一论断无疑给他们造成了困难。或许，更稳妥的方式是将生命归于两个起源，其中一个提供基本的遗传物质，另一个则将聚合在一起的信息包裹起来，让它们不再四处分散。在《物理之外的世界》一书中，斯图尔特·考夫曼试图理解“生命的出现和进化”，为此他引入了名为“封闭”（closure）的概念，他认为，处于封闭空间中的第一批基因分子有机会形成细胞，进而通过分裂组成器官。出于自己理论上的偏好，考夫曼对伽利略的名言存有怀疑，认为生物并非依据数学定律生长，而是通过另一种方式找到自己的未来之路。

生物体内还存在可以进行物质代谢的装置，它能产生催化循环反应，也被称作新陈代谢，这是一种再生与发展的能力，能促进生物的适应过程，亦可被调节。最后，当人们看到这个越变越长的清单时，可能会失去勇气，没办法用一句话（或一条定律）对生命进行总结，或用几个词来定义它，但这却阻止不了人们不断进行尝试。1974 年，温贝托·马图拉纳和弗朗西斯科·瓦雷拉两位生物学家做了一次这样的尝试，他们想要将生物体的自我维持和自我创造加入定义中，将有生命的生物体描述为“各种变化过程组成的网络系统”。他们认为，“生物是独立的个体，能够通过自我生产形成更多东西，并进行自我维持”。在面对是否已真正成功地揭开“生命的秘密”这个问题时，似乎没有人愿意给出肯定的回答，但这并不应该阻碍我们发现生命中一个非常重要的方面。它隐藏在之前引用的语句中，尽管人们所用的概念五花八门，但所强调的内容却始终没有绕开这个重要的方面。这里所指的是动力，也就是我们此前提到的新陈代谢、增殖、适应、生长，或一般意义上的运动。生物存在的过程也是不断变化的过程，借用亚里士多德的说法，分子生物学发现，基因就是生物变化的动之动者。亚里士多德所思考的是，在一个不断发展的世界中，第一个动者是十分必要的，但它自己应当保持不动。而对生物来说，这个观点已经不太适用了。

当人们仔细研究分子生物学的历史时，他们会发现，真正的生命推动者是被称为基因的遗传要素，正因为有基因信息，细胞中才会发生不同的生物化学进程。与此同时，人们也能认识到，这些基因只在单个生物的生长过程中才会出现或被创造出来。在人们可以利用基因技术将 DNA 片段分离出来并对其进行描述之后，科学界发现，基因存在于包含细胞核的生物细胞中，它们并不是以一个整体的形式存在，而是分成了许多细微的部分。在传达蛋白质合成信息的、名为“外显子”的 DNA 片段之间，存在着某些间隔，它们叫“内含子”，没有任何编码作用。对于单一细胞而言，它必须有能力将这些通往基因之路上的间隔物剪切出来。事实上，它还可以在一个生物的发育或成熟过程中，将基因片段进行重新分组和编排。然而，细胞如何对其间的动态过程进行协调，整个过程是否受到某一个“总部”的监控，人们还不得而知。无论如何，（存在着的）基因并不是静止的，而是不断变化（和被构建）的，它们充当着生命的推动者，也在不断地进行自我构建。鉴于这种理解上的难度，人们提议用动词来描述基因的推动作用，以便能更好地理解基因的动态变化。他们认为，正因为基因能“起基因作用”（genen），所以生物才拥有了自己的所有特性。这样做又有何不可呢？教师教学，作家写作，游戏者游戏以及基因起基因作用，所有的这些行为都会让人有所收获，例如受教育的中小学生、一篇优美的文章、一次游戏的胜利，以及完整的生命体。

在“起基因作用”这个词被眉头紧锁的实践家们过快地否定之前，人们不难发现，“基因”（Gen）这个名词的出现时间比修饰语“遗传学的”（genetisch）晚了很多。在科学史中，“基因”一词直到20世纪初才出现，那时人们重新发现了格雷戈尔·孟德尔早在1865年便已记录下来的规律，于是他们开始寻找一个源于希腊语的简短词汇，用来描绘他们对遗传的观察。而当“基因”一词等待着自己1909年的登场时，歌德早在1795年已经开始对植物的形态发生（样貌生成）有所思考，他深信，对所有自然科学来说，“遗传学方法都是必要的”。“genetisch”一词并非源于基因，而是出自歌德笔下。在他被大家熟知的意大利之旅中，他认为自己发现了一种原始植物，这种植物能够向他清晰地展示生物的遗传性是如何出现的，例如生长和变化。虽然许多人在听到或谈及原始植物的时候会翻个白眼或同情一笑，但沃纳·海森堡在一次名为“歌德的自然图景与技术——自然科学世界”的演讲中表达了与众人不同的观点，他认为，歌德所指的原始植物在20世纪以DNA双螺旋结构的形式出现了，后者也构成了现代分子生物学中的塑造原理。与此同时，双螺旋结构也符合歌德对于原始植物的要求，是一种有能力赋予样貌和构成形态的基本结构，这自然不是一位诗人能用肉眼观察，能在脑中体会与感知的东西。但人们可以用自己的第二双眼睛看到它，浪漫派学者相信这样的眼睛是存在的，也相信凭借它们的想象力，人们可以洞察事物的内部世界。对此，许多人都很熟悉，而有一些人或许也正在尝试，至少双螺旋结构的创造者们成功地完成了这种充满想象力的观察。尽管如此，当他们之后声称破解了生命的秘密时，也还是有些许夸张。不过，人们倒是可以清楚地知道，他们对自己的回答深信不疑。

在他们之前，有一位科学的伟人也谈到过某种秘密，甚至关注过“所有秘密的秘密”，但他并不认为自己已经洞察了它（们）。这里所说的就是查尔斯·达尔文，他惊叹于自己对生物进化所做的观察，并试图弄清楚其中的运行机制。正如他在一封信中向朋友倾吐的那样：“当我想到人类的眼睛时，我会感到十分激动。”这意味着，达尔文的进化论观点向生物学家们提出的并非是一个成形的答案，而是一个仍待解决的任务。当然，现代的进化生物学可以为它的奠基人解释一二，例如可通过区分主要功能和辅助功能来帮助他理解眼睛的进化之路。当我们首先将透光细胞保护性地置于感光细胞前时，透光细胞会顺带着聚集光线，随后集中进行光线聚焦，从而形成一个晶状体。通过类似的方式，人们还可以追踪其他的功能转换过程，不过在这里，我们不会继续对其展开描述，因为我们需要强调几个观点，它们彰显了达尔文广博思想的历史价值。

首先，非常重要的是，凭借着达尔文的理论，一种在他生活的时代以概率形式出现在物理学中的思想进入了生物学领域，并接过了指挥权。19 世纪，一种以统计力学为表现形式的新知识出现了，在它的框架下，物理学家能够证明，一种气体中分子的运动速度会围绕一个中间值分布，而这个中间值可理解为气体的温度。1877 年，美国人查尔斯·皮尔斯注意到，在生物学领域的进化论中也存在同样情况：由于它会与其他分子产生太多的碰撞，物理学家们不（再）能确定，单一气体分子在特定的条件下将如何运动；同样，生物学家们也无法解释清楚，变异和选择在任意一个生物体身上将会如何产生影响。而就像物理学家们（始终）知道，什么现象会在分子结构中长期出现，达尔文等生物学家们也可以断言，从长远来看，生物要么让自己去适应生存环境，要么去占据仍旧空闲的新的小生境[①]。在那时，统计学思想和相关知识已被证实是普遍适用的，也是从那时起它们成了大众教育中的一部分。而人们通过脑研究得知，人的思维器官也是一种“基于概率进行预测的装置”，能够进行准确的可能性预测。

第二个十分重要的点在于，达尔文摈弃了基督教中关于人类的固有思想，他不认为人类是最终的、永恒的和完美的创造物，相反，他引入了运动和变化的观点，用来描绘生物及其形态多样性。这种观点始于文艺复兴时期的莱奥纳尔多·达·芬奇，这位全才甚至将一根线条看成某人通过手部运动绘制而成的作品。在浪漫主义时期，向运动思想的转向进入了全盛时期，因为浪漫主义者在人身上看到了与作品一样的创造力，他们认为人的存在并不是一种静止状态，而

① 生境：生态学中环境的概念，指生物的个体、种群或群落生活地域的环境。

是一种行为和活动。达尔文在19世纪30年代进行了一次为期5年的环球旅行，他在旅行中的所见所闻也促使自己的观念发生了转变，他不再将人视作永恒不变的生物体，而是视作一种具有适应能力的物种。这些见闻为他提供了认识世界的必要技能，伊曼努尔·康德将其解释为直观。依据康德在《纯粹理性批判》中的哲学论述，达尔文保存下来的材料中还缺少一个概念，若没有概念，他的直观便仍是盲目的。同时，康德也认为，假如概念缺少对象，它本身也是空洞的。对达尔文来说，当他读到罗伯特·马尔萨斯的《人口学原理》一书时，直观和概念这两个认知的前提联合在了一起。在这本1798年出版的书中，这位英国经济学家表达了对食物能否满足快速增长的人口的需要的担忧。马尔萨斯担心，人类会因为抢夺食物而互相争斗，在这些争斗中，或许只有强壮和有能力的人才能胜出。在这个源自当时社会环境的观点中，人们可以很清楚地感受到工业革命的影响，达尔文却用这个观点来理解大自然，理解大自然中不断发生的斗争。他将万物的生长和发展归因于一种自然的选择，“选择”这个名词借自人类范畴，指的是许多动植物养殖者提供经过人工选择的产品。

达尔文的直观源于自然，而他提出的概念则来自社会和历史领域。带着这二者，达尔文开始写作《物种起源》一书，这本600多页的著作于1859年出版，并以一个优美的句子结束：“当我们身边所有的生命出现时，造物主只为它们赋予了几种，甚至只有一种形式，但在地球按照引力法则持续运动的过程中，从一个如此简单的始端，萌生出了无数最美丽、最奇妙的样貌，而它们仍将不断萌生，这是这个观点中最崇高和庄严的部分。”在英文版中，该书的最后一个词是“evolved”，这也是进化的思想首次被直接提及。在《物种起源》一书中，虽然达尔文对物种的诞生更感兴趣，但是他并没有忽略人和对人的思考，正如书中倒数第三段中那个著名句子所表述的一样：“人类的起源和他们的历史也将被照亮。”

从上述引文中，人们可以清楚地看到，达尔文并不认为世上可以没有造物主。但是，他认为上帝在创造生命的时候，赋予了它们自我塑造、自我创造和自我发展的能力。这种对生命的理解得到了神职人员的认可，也被他们广泛传播。他们认为达尔文是一位伟大的英国人，死后可以葬于威斯敏斯特大教堂中，与艾萨克·牛顿相邻，事实上也的确如此。

但是，达尔文本人却失去了对上帝的信仰，因为他的一个孩子在悲苦中死去，而他只能在一旁无助地看着。总的来说，人们不能将他想象成一个幸福的人，他的一生长时间受一种从未被正确诊断的疾病折磨，他的精力也只能让他在白天工作寥寥数小时。除此以外，还令达尔文感到痛苦的是，他在对大自然的细致研究中逐渐产生了一种印象：自然中掌控游戏大权的不是一个善良的神明，而是一个狡猾的魔鬼。在他目之所及处，到处充斥着死亡、掠夺和欺骗，就连他最钟爱的、美丽的甲虫也难逃死亡的命运，这让他感到非常惋惜。令人敬佩的是，尽管发生了这些，达尔文始终相信，“在和大自然的斗争中、在饥饿和死亡中……诞生了我们能够想象到的最崇高的东西：世上总会出现更高级和更完美的生物”。

达尔文的观点源于他的一次环球航行。早在50000多年前，人类便开始建造水上交通工具（即船舶），其中也体现了安托万·德·圣－埃克苏佩里所称的对海洋的渴望：站在沙滩上看着地平线的人，会跟随自己的天性，想要突破自己运动能力的限制，去到那条线的后面。出于这种精神，人类开始建造船舶并扬帆远航。许多极其重要的历史发展都与海上航行有关，哥伦布发现美洲大陆只是其中的一个例子。正如自然科学家利希滕贝格于 18 世纪在其书稿中所写的一样，哥伦布的发现对于新世界的原住民来说自然是“不幸的”。作为历史上的第一个世界性帝国，葡萄牙帝国从诞生到最后灭亡共存在了 500 多年，它的势力自 15 世纪中叶起开始扩散到全世界，延伸到美洲、非洲、东南亚、印度和中国。推动葡萄牙的占领者和冒险家的是毫无廉耻心的行动准则，与他们的竞争者西班牙人还有后来的英国人一样，他们都认为自己与原住民相比，具有人种上的优越性。原住民们不断被征服、压迫、奴役、剥削和杀害。如今，这种高人一等的思想遗毒仍有生长的沃土，全世界也都深受其害。在 19 世纪，人们开始认识到地球有多古老、它的进化耗费了多长时间，于是，越来越多的古生物学家开始致力于探索历史生物和当时的生存环境。在此期间，科学家们已经能够为生命的变化绘制出一幅令人惊叹的、极为细致的图像。正如此前所描述的一样，生命很早便已出现，距今大约40亿年。这意味着，生物迫切地想出现在这个星球上并占领它。最早出现在地球上的肯定是单细胞生物，但人们也能证实，在20多亿年前，多细胞形态的生物便已经存在。伴随着生物从单细胞发展成多细胞形态，地球上发生了一些特别的事情，也出现了一些新的事物。这里所指的是死亡，因为“当生命被创造出来的时候，并没有伴随着死亡”，神经生物学家恩斯特·珀佩尔这样写，是为了引出以下这句话，“对最初的生物来说，永生是它们存在的重要特征。个体的死亡直到很久之后才出现。”如珀佩尔所想，死亡是因为“有性繁殖”才成为可能，他进一步阐释了这个生物学家分享给他的思想，他写道：“有性繁殖能产生个体，它们会死亡，也必须死亡。”否则，怎么会存在生物的进化？又怎么会有人站在当前进化的终点上，带着这些观点、洞见和展望写完本书？

在人文科学领域，人们将性和死亡之间的生物学联系阐释为爱神厄洛斯和死神塔纳托斯的对立，指求生的本能和死亡的本能。在这里，与希腊神话中的一位神同名的死亡本能，本应该退至求生本能之后，人们也可以将后者称作生之意愿，它所指的显然不只是人类的某种品质，而是可以归于所有生命体的特性。通过这种方式，人们一定能想明白，生物为何早早地出现在地球历史中，人们自然也可以理解与此相关的最新研究成果：微生物自己会占据部分存在极端温度和剧毒物质的小生境。很显然，生命想要处处存在，就像人类试图占据世界上的所有空间，在宇宙中设立空间站，甚至想要去往其他行星一样。这句话中最重要的部分是生之意愿，人们在任何一个细胞身上都能感受到它的存在，因为所有的细胞都在等待，也“梦想着”能够分裂，成为两个细胞。

当然，我们并不能利用自然科学去论证上述假设，现在我们不妨回到一些可验证的观点上。在多细胞生物出现后，生命在原始海洋中找到了自己的位置，那里随即出现了鱼类和两栖类动物。大约4亿年前，它们在广阔的水域中游弋嬉戏，并在1亿年后经历了第一次大规模的死亡。提及这个不同寻常的事件，是因为它说明了，一方面世间万物都离不开死亡的包围，不论是单个生物，还是整个物种；另一方面，在经历了大规模死亡之后，生之意愿会重新为自己开辟新的道路，例如在一次动植物大灭绝后，生命会以多种多样的形式重生，并且大规模地扩散开来。尽管死亡无法避免，但生命会用这种方式战胜死亡。

人类历史中记录最清楚的生物大规模死亡发生在约6500万年前的白垩纪末期，它导致了恐龙的灭绝，也为许多长期生活在这种巨型蜥蜴阴影下的哺乳动物提供了占领地球的机会。得益于生物的多样化发展，鸟类与哺乳动物开始出现不一样的形态。“多样化”一词最初源于达尔文，他在参观一场工业展览时了解到，成功企业的产品都是足够丰富多彩（多样化）的。受到社会运转机制的启发，人们真正理解了生命的发展历程，而凭借对生物进化历史的了解，人们才弄清楚自己作为人类所拥有的能力。

这段历史中包含着数不清的改革和创新，它们随着时间的流逝不断出现在人们眼前，科学能够赋予人们一个简单的方法，让这些新事物来到世界上。这种方法拥有一个十分朴素的名字，叫“组合”。在管理学研讨课上，人们将它称为“协同合作”。人们仅需借用一条电路和它的电源作为例子，便可揭露其中的奥秘：如果人们接通只包含一个电阻器的电路，所发生的有趣之事将会少之又少，而当电路中只有一个被充电的电容器时，情况也是一样。假如人们将电阻器和电容器连接起来，新的东西便出现了。这里所指的就是电振荡现象，而在此前，人们从未能预料到它们的存在。与此相关的另一个例子来自化学领域，从18世纪开始，人们已经知道氢气和氧气这两种气体能够互相产生反应，继而产生名为水的液体。而在生物学领域，人们认识了共生的概念，并在它的基础上扩展出了内共生学说。依据该理论，人们发现，在发展程度更高的生物体内，细胞通过吞噬细菌而形成，它们与细菌共同承担生存任务并长期共生，最终可以共同组成更复杂的细胞组织。

在19世纪，化学家弗里德里希·维勒成功地将一个无机分子转变为有机的尿素，这使许多人相信，科学家们可以在蒸馏瓶中“创造一个人”。对此，歌德深感担忧，于是他在《浮士德》第二部分中安排了人造人何蒙库鲁兹出场，取代了原本计划的化学侏儒。

凭借组合和共同作用，构造简单的生物会形成全新的特征，也会拥有更多的能力。带着这种设想，人们能够试图去理解“现实世界的结构”，就像哲学家尼古拉·哈特曼在20世纪50年代出版的同名书中所进行的尝试一样。哈特曼将现实世界区分成了不同层次，它们共同存在并彼此交叠。在他看来，位于最底层的自然是无机世界，它们必须允许包含其中的物质互相组合，使有机生物能获得生存必需的、各式各样的形态或样貌。只有自己的形态或样貌变得足够复杂，与之相应的有机生物才能形成主观体验的能力，在一般语境下，人们会将这种能力归于精神层面。最终，人们会发现精神生活的踪迹，并以此进入现实世界的最高层。有学者认为关于分层学说“在本体论视角下的正确性，最具有说服力的证据”在于，“如果我们完全不考虑生物进化，该学说的内容与现实世界中的事实几乎是一致的”，“（哈特曼提出的）世界分层顺序也与地质形成的顺序相符”。在人类生活的地球上，首先诞生的是无机物，紧接着是有机物，而在它们的帮助下，精神出现的时间也比思想更早。如今人们可以用“信息”的设想来描述地球上各种形态的产生过程，而位于信息（Information）一词中间的正是“form”（形态）。在信息成为一门科学之前，人们将它理解成一种创造的过程。一位艺术家可以为他的材料赋予信息，从而创造出一个作品，而上帝也可以将信息注入黏土，并用它来创造自己的作品，即人。从这个意义上我们可以说，无机物将信息赋予了有机物，有机物紧接着将信息传递给了精神，并最终形成了一种思想，对此我们将在后面的章节中再次谈及。由此可见，科学似乎更加接近美国物理学家阿奇博尔德·惠勒所表述的目标，即“用信息的语言，理解和表达所有的知识”。如此一来，人类过去所处的是一个信息的世界，他们如今仍在为这个世界做出贡献。惠勒曾经谈论过一个“参与宇宙”的观点，在这个宇宙中，一切事物都处于运动中。2500 年前，赫拉克利特用“Panta rhei”（万物皆流）这个简单的表达概括了这个认识，人同样也被包含其中。贝托尔特·布莱希特在一首关于老子的诗中写道：“滴水穿石，随着时间流逝，流动着的柔弱之水也会战胜强大的石头。”这也解释了，“流动”的世界如何在运动中赋予自己形态，并让自己成为形态所展示的模样。

思想的内容总是伴随着一些具有创造性的东西，当人们向生命投去最后一瞥时，他们不能忽视，生命从一开始便充满创造力，不断为自己创造出全新的形态。联想到刚刚所引用的赫拉克利特的思想，即世间万物皆是运动的或皆处于运动中（万物皆流），人们可以说，世界在其最初形成之时便处于纯粹的变化之中，这种变化指的是进化，后者也就如此自然地发生了。在那儿没有计划，也没有目标，有的只是能量，它让自己和其他一切事物发生变化，使进化成为可能，也将信息赋予整个世界。如果生命在这一形态形成的过程中出现，它会为自己的变化添加第二个阶段，从而为自己赢得有利条件，生物学家将这个阶段称作“成长”或“个体发育”，它依据某种计划进行，人们可以在带有信息的基因中发现相关的线索。在个体发育的过程中，变化的进程会多次、不断地重复，时间一长，个体生物内会诞生一个新的器官，它既能为自己制定目标，又可以变得富有创造力并自己生产信息。这个器官便是人类的大脑，它以独特的大小存在于人体内，本书在下一章中将会详细讨论相关内容。在这里，我们关注的是一种论断：假如人们细致观察信息的运动过程，看着它们从外在世界不断向大脑内部转移并在那里创造出更多信息，或许能更全面地理解生命。

从那时起，科学家们已经意识到，自己必须开始关心外在世界是如何进入生命内部，如何将如此大量的信息转移到人体内部的问题。我们在此谈论的并不是感官的作用方式，例如通过视觉感知光、通过听觉感知声响，这里所涉及的是一个关于内在世界与外在世界如何互相关联的古老问题，即歌德所称的那个“神圣而公开的秘密”。他在与自然观察有关的著名诗歌 *Epirrhema* 中写道：“没有东西在里面，也没有东西在外面，因为里面的世界同时也是外面的世界。”外面的世界指的是环境，而里面的世界指的则是基因，假如生物想要如达尔文所言一般成功地完成进化，那两个世界之间必然存在着一种联结。人们或许会将这种观点称作一种对生命的整体性看法。对此，分子生物学家们感到十分为难，因为他们已经与遗传分子打了足够久的交道，试图在它们产生作用的过程中寻找生命的秘密，在歌德看来，这个秘密更像是一种相互作用。从 20 世纪 80 年代起，遗传学家们意识到需要在这方面有所作为，于是他们开始着手创立进化发育生物学，并为它取了一个听起来很漂亮的英文缩写名“Evo-Devo”。名称中的最后两个音节是英语单词“development”（发育）的缩写，德语也写作“Entwicklung”。进化发育生物学家们在其早期研究中所关注的对象，是人们口中的“基因调控网络”，人们所选的这个长长的名称本身也解释了研究的内容。或许，生命真的可以像这个名字一样，被理解为“各种变化过程组成的网络”。而关于基因网络的能力，人们也许很快就能提供更多的解释。在生命的进程中，单纯的“自我保存”是远远不够的。生物应该向分子们学习，不能忽略被科学家们称作“反馈”的现象。它们应当打听一下，其他地方正在发生什么。没有人是一座孤岛，也没有人只是整体中某个单一的部分。人类饱含着生命，也被生之意愿强烈的生物所包围。从一开始便是如此。

第四章　智人与他的基因组

歌德在其1809年出版的长篇小说《亲和力》中写道："人类最根本的研究对象是人。"这个观点并非歌德原创，人们还可以在英国诗人亚历山大·蒲柏发表于1734年的《人论》中找到如下表述："人类最合适的研究对象就是人。"而在蒲柏之前，法国神学家皮埃尔·沙朗在16世纪和17世纪之交时就已在《论智慧》中表达了类似的观点："关于人类的、真正的科学和研究的内容是人自己。"自18世纪中叶开始，人们在推进关于人的研究时，将沙朗所思考的这种智慧（sagesse）赋予了自己，更确切地来说，人们从1758年起便开始思考人的分类。人们在人猿科内增加了"人"这个物种，用于指示如今生活在世界上的现代人，他们也被称为“智人”（Homo sapiens），指的是有理智、有头脑的人。但如今，人们对“智慧”这种特性的质疑越来越多，大家不禁疑问，如此优秀的灵长类动物是否真的会聪明行事，因为他们似乎经常做出与智慧相反的行为，例如损坏地球上自己赖以生存的条件。核武器、环境破坏和气候变迁都是人们能够列举出的关键词。因此，在科学界，人们也提出，所有传统的地质年代——从数十亿年前的太古代到近一万多年的全新世，包括新石器时代和青铜器时代——最终都会融汇到一个由人类创造的时代，这也是它叫作“人类世”的原因。虽然人们无法忽视人类社会和文化在发展进程中产生的负面影响，但没有人会对智人们充满创造力的才能产生怀疑，这段历史的讲述者也不会重视马克·吐温所说的后来因平克·弗洛伊德（Pink Floyd）乐队而出名的那句话：“月亮也有黑暗的一面”。为了能与它们和睦共处，人们首先应该清楚地知道，人类有恶的一面，人类文化中也包含令人不快的部分。当人们在19世纪注意到由大气中二氧化碳引发的温室效应时，科学家们起初认为，它可以解释清楚人们为什么生活在一个温暖的天空下。而如今，人们看到的更多是由大量二氧化碳排放所带来的天气过热。这种存在于工业社会中的气候变化正以前所未有的速度在地球的历史进程中发生，估计也会为我们带来无法估量规模的难民潮；如果想要对得起“人类”这个名称，我们需要用所有的人道主义关怀来克服这些困难。

生命本身也在促进云的形成，如果没有云，它们也将无法在地球上存活。当人们观察到蔚蓝色的地球正处于黑色天空笼罩下的时候，人类所面临的棘手情况也变得不容忽视，就在人类成功登月的同年，这种情况所带来的第一个问题也出现了：1969 年这一年被打上了德语词“环境保护”的烙印，面临着莱茵河污染严重的问题，新当选的德国联邦政府将环保政策和法律作为内政工作的重要领域，德国第一个相应的部门也于同年成立了。

当歌德伏案写作、用笔墨勾勒《亲和力》中一场发生在天堂的谋杀时，哲学家戈特蒂尔夫·海因里希·舒伯特出版了《自然科学的阴暗面观点》一书，这是一部在智人历史中留下了深远影响的著作。自人类于全新世出现后，他们在公元前约 6000 年的新石器时代开始掌握对土地及生活在上面的动植物的统治权，慢慢变成了农场主；同时，他们也开始在空间不断变小的居家生活中传播传染病，并自食其果。在卫生学和医疗救助尚未出现的年代，人们只能将自己的身体作为武器进行防御，对此，他们最该感谢的是自己的基因。当然，我们也必须指出：在公开场合中，人们针对基因的负面影响展开了许多辩论，他们想知道哪个基因会引发疾病、哪个基因会提高患糖尿病或肿瘤的风险。但是，人类在进化过程中所形成的基因并不是为了使他们生病和变虚弱，反而是为了使他们更加强壮、具有更加顽强的生存能力。基因对人类的贡献主要关乎生命，它对死亡的帮助十分有限，它们关照的对象是身强体壮之人，而非生病之人，后者主要是伦理委员会的关心对象。

在伊曼努尔·康德的学说中，人们也可以发现有关人类拥有邪恶面的观点。对他而言，这主要关乎自由。这位来自柯尼斯堡的学者认为，如果世界上不存在恶，人们也无法出于自己的意愿去做善的事情。康德发现，每个个体都拥有善的意图，都能从自身获得道德价值并遵守它。除此之外，这位启蒙哲学家还尝试从普遍的角度，去回答“什么是人”这个古老的问题。康德建议将这个宏大的主题拆分成下面三个单独的问题：“我能知道什么？”“我应该做什么？”“我可以希望什么？”尽管阐释这三个问题的著作能够塞满所有的图书馆，我仍愿意在这儿冒个险，做一个简短的回答：人是一种生物，他首先能认识到自己的极限（例如当某个人站在海边时），随后他会尝试去超越极限，并希望能获得成功。尽管这个回答中包含我个人的解读，但人们也能在《智人之路》一书的结尾读到类似的表达。此书由耶拿马克斯·普朗克人类历史研究所所长约翰内斯·克劳泽与托马斯·特拉佩合作完成，他们发现：通过对骨头或其他来自史前洞穴坟墓的物体进行 DNA 分析，古遗传学能成功追寻从石器时代持续到现代的基因发展之路。在书的结尾，克劳泽问道，人类该如何在未来延续自己的发展之路。对此，他认为：“智人之路会继续向前。我们会遇到极限，但不会接受它们。我们不会止步于此。”

人类总是渴望不断到达更远或更深的地方，视力的极限就是一个很简单的例子。从 17 世纪起，人类借助望远镜和显微镜克服了肉眼视力的局限，不过当人们不断探寻宇宙深处和探索物体内部的时候，他们也遇到了新的局限。人们能及时发现这些局限，而人们对此进行的研究证明，这种情况只会让人更加有勇气，想去挑战一下自己的极限，这是他们的本性使然。

让我们回到最初讨论的话题：在21世纪，人们找到了研究智人的特殊方法，并由此产生了“古遗传学”的概念，这个我们此前已经提到过。古遗传学研究所关注的是对所有遗传物质进行测量和描述，也就是人们口中的基因组。构成所有生物遗传特征的是长链形式的DNA分子，它们通过不同的DNA序列实现其生物学作用。自20世纪末开始，人们能越来越准确地揭示其中的奥秘。尽管“长”这个修饰语听起来似乎无关痛痒，但对人类DNA而言，它却意味着超过30亿个的组成部分（碱基对）。有时，它们也被称作遗传字母，其中记录下了生命的语言。30亿个遗传字母填满了1000条基因带，每条基因带都包含1000条边，而每条边上都分布着3000个遗传字母。这意味着，没有人能读懂自己的基因组。于是，人们将这个任务交给了电脑，没有它的帮助，“人类基因组计划”这个项目也就无从谈起。然而，除了数量上的障碍，“人类基因组”的概念中还隐藏着一个质量上的问题。从更准确的角度来看，我们谈论的其实不是某个人的基因组，而应该是此人的某个细胞所包含的遗传物质。近年来人们已经洞察了一个事实：人的所有细胞并非都携带同一个基因组，相反的是，每个细胞在其生命进程中会自主排列遗传物质。也就是说，不同的基因组中，基本元素的数量，即33亿个DNA碱基对，没有多少变化。而它们在不同脑细胞中的排列与次序会各不相同。因此，一个人并不是只拥有一个基因组，而是拥有如地毯般拼接在一起的数十亿个基因组。正如“人类基因组”的名字所暗示的一样，它们十分相似，却并不相同。尽管如此，人们凭借所搜集的数据以及对数据进行适当的分析，也能有许多收获。即使在基因差别最大的人类身上，拥有相同基因序列的细胞比例也高达99.8%，但事实上，0.2%的差异已经包含了数以百万计的遗传字母。人们在数年前发现，与同时代的人相比，尼安德特人体内不同基因组的比例少于0.5%。尽管每个人都是独一无二的，但他们在基因组上的差别却微乎其微。所有对自己的种族优势夸夸其谈，认为自己（通常是白种人）高人一等的人都应该认识到这一点。在遗传学中，人们不会因为自己的基因组而被定义为某一类人，也不会因此被认为更加优越。

如今，科学界已慢慢适应了动态变化的基因组，并开始在DNA中寻找确凿的差异。分子会在发展过程中进行多次分裂，但人们不能奢望其中的分子复制机制是尽善尽美的。据人类遗传学家估计，尽管细胞构造的运作极为精细，但基因组在细胞分裂所需的复制过程中会出现大约3个错误，与30多亿个遗传字母相比，这个数量似乎不值一提。而在子宫中，胎儿的每个细胞都必须完成40次分裂，这个数字听起来虽然不多，但在他（或她）全身，会出现累计超过100种的突变。对此，人们可以大胆地得出这个结论：人在出生的时候已不再是父母创造的那个人了。每个人出生时的基因与最初赋予他（或她）生命的受精卵基因并不相同。

就在人们认为可以通过细胞的基因组序列确认人的存在时，更多的知识也接踵而至了。在“人类基因组计划”启动之初，遗传学家们十分确定，智人的基因组拥有超过 10 万个基因，人的生命伴随着它们的被创造而诞生，也因为它们被塑造成不同的形态。然而，在基因排序结束后，遗传学家们不得不承认，同时存在于人体内的基因数量还不到 2 万个，在这一点上，人还比不上变形虫，因为人们在变形虫体内可以发现 3 万个基因。从中人们认识到，基因本身显然无法对某种生命形式的复杂性与发展程度起决定性作用。在“人类基因组计划”的工作中，人们也不断发出了与苏格拉底同样的感叹：“我唯一知道的事，是我一无所知。”“人类基因组计划”的研究人员在不断探索生命的内在世界时，不仅会发现自己掌握的知识实际上十分有限，还会认识到，在人类获取的所有信息中，能为己所用的知识相当匮乏。当然，基因研究者们还是成功地提升了他们给出的关于基因序列及其传输速度的报告的可信度。在他们于 2003 年前后完成了开拓性的工作之后，人们耗费了 10 年时间才成功地解读了某个单一的人类基因组。而在此期间，科学家们所发明的机器可在一天内解码 300 个神秘的人类基因组，这也预示着人类很快能够弄清数百万人（包括新生儿）的基因构造。随之而来的还有许多伦理问题，例如，知识价值的边界在哪里？人们是否应该自己确定这个边界？然而，人们应该清楚地知道，倘若自己被禁止做某事，那么他们感受到的恰恰是一种挑战。

在这种未来到来之前，人类想要知道，也有能力知道，在可辨认基因仍占少数的条件下，自己究竟还能在基因组中找到什么；以及自己是如何凭借少量的基因变成一个复杂的生物，并向自己提出这些问题的。对于第一个问题，科学家们将所发现的大量 DNA 序列当作自己的答案，他们为其赋予了结构性的名字，但从未解释这些序列在人类生命中所肩负的任务。例如，人体内存在一些 DNA 片段，它们多次重复，但数量会因人而异。科学家们推测，人们可在这些序列中找到进行基因调控的元素，它们也是必须存在的。比如，一个肝脏细胞和一个肌肉细胞的基因组十分相似，但二者为了能够完成各自的任务，处理所收集信息的方式却大相径庭。

如此一来，“凭借如此少量的基因如何能创造出数量众多、品性各异的细胞”这个问题得到了解答。其中的奥秘在于，赋予生物生命的并不是基因所进行的生物化学反应，而是基因信息生成的产物，也就是人们熟知的蛋白质。即使一个人体细胞中包含的基因数量很少，但其中的每个基因都由多个基因块构成，它们能在生物活动中相互联合，形成多种多样的组合。最新调查显示，一个人类细胞中的 2 万个基因可通过分解成基因块，最终组合出 8 万至 40 万种蛋白质，但其中的调控机制却无人知晓。假如现在有人想要了解，这些蛋白质是单独活动，抑或是可以形成类似网络的组合，他便提出了一个好问题。在此期间，相关研究人员已经能找到人们所谓的相互合作组，在合作组中，蛋白质成对地组合在一起并产生作用，目前已被记录的类似的相互作用有 13 万种。当数十个蛋白质相遇并组合在一起时，便会形成细胞器。在此过程中，还有可能出现类似核糖体的结构，没有它们的存在，蛋白质也就无从谈起。如此一来，先有鸡还是先有蛋这一古老的问题也延伸到了分子领域。生命是且将会一直是一场极其刺激的游戏，从基因组开始它便充满了活力，而想要赢得这场游戏也不是一件容易的事。除了数不胜数的在细胞中拥有固定位置的组成部分之外，科学家们还在基因组中发现了行话中被称作转座子[1]的跳跃元素。它们不仅可以变换位置，还能自我复制并广泛散布在基因组中。由于人们至今无法弄清楚这种 DNA 片段的作用，所以人们将其称为“自私的 DNA”或“利己基因”。然而，除了那些如此描述它们的人之外，没有人知道谁给这些分子分配了这个任务。

不应忽视的是，人的基因和基因组中有许多令人惊奇之处，比如，恰恰是那些看似无用的 DNA 序列使古遗传学这门新兴学科的建立成为可能，继而让人们有机会获得有关早期人类的令人叹为观止的认识。这门近二十年来繁荣发展的科学凭借考古学中极其微小的发现（例如在山洞内发现的如浆果般大小的指尖）提取出了人体细胞，确定了对应的 DNA 序列，并由此推断出，现代欧洲人的祖先源自三次移民运动，而三次移民的数量规模也大体上彼此相当。大约 8000 年前，安纳托利亚农民跟随着最古老的狩猎采集者的步伐，从巴尔干半岛来到了欧洲。大约 5000 年前，来自东方草原的游牧人群也加入了他们的

① 转座子（transposon）是基因组中具有转位特性的 DNA 序列。

队伍。

依托古遗传学，人们不仅能追踪人类的迁徙进程，还可以判断拥有高度文明的外来民族是通过和平的方式，还是通过对原住民的驱逐得以完成自己的迁徙。为了寻找出一个合理的解释，遗传学家们一方面专注于细胞器中名为线粒体的、只通过母亲遗传给后代的遗传物质；另一方面，他们也聚焦于只通过父亲遗传给后代的、以字母 Y 标注的染色体 DNA 序列。通过对新旧基因序列的比较分析，人们得出了一个毋庸置疑的结论：来自东方的征服者多为未婚的青壮年，他们成群而至，带走了自己遇见的所有姑娘。人们也大可以推测，这并不是一个和平的过程。

在对 DNA 序列进行比较研究时，人们还发现了一个新的人种。依据对西伯利亚杰尼索娃洞穴出土文物的分析，学者们认为存在一种人属群体，他们与拥有不同基因的尼安德特人和现代智人都存在着姻亲关系。与此同时，学者们也能证实，现代人类曾经既与尼安德特人，也与杰尼索娃人进行过交配。2018 年，人们甚至成功解码了一名女孩的基因组，她生活在 9 万年前，是一名尼安德特人和一名杰尼索娃洞穴居民的女儿。

人们有理由相信，未来仍会出土类似骨头、牙齿或其他含有 DNA 的文物样本，它们将拓展人类关于迁徙运动的相关知识，使人们更了解现代人与其祖先的亲缘关系，由此诞生的知识图谱估计也会更加复杂，拥有更多分支。但无论如何，古遗传学的研究结果能明确断定，数百万年前人类与黑猩猩的共同祖先出现在非洲，非洲大陆也是所有人属生物的根源地。如今，人们也已清楚地发现，智人在离开非洲的时候已经掌握了一门复杂的语言，而同时代的尼安德特人却只能通过简单的语言进行交流。由于尼安德特人的生育能力比智人低下，他们渐渐地走向了灭绝，人们不禁思考，智人拥有较高的生育能力，是否因其更善言辞从而能获得更高的约会成功率。

经过对喉头这一于说话而言必不可少的器官进行解剖学研究，人们发现，与现代人相比，尼安德特人的喉头结构不甚发达，这也是其发音质量低下的原因。另外，人的语言能力还要归功于一个名为叉头框 P2（FOXP2）的基因，如果这个 DNA 片段发生一次突变，人们就会失去组织复杂语句的能力。尼安德特人身上也携带了与叉头框 P2 几乎一致的基因片段（不过，将叉头框 P2 基因称作“语言基因”的做法也有些夸张，因为鱼和老鼠身上也携带此种基因，但它们却不具备语言能力）。

谈到语言的话题，人们慢慢将目光远离基因，转而投向人类自身。众所周知，在基因序列获得越来越多的关注之前，人们便已开始思考自己的独特之处。若要用尽可能简洁的语言总结是什么让人类从动物王国中脱颖而出，那就必须提到直立行走以及因此被解放的双手，后者也为人类制造和熟练操作工具提供了可能。同样，人们也不能忽视体积不断变大的大脑，以及人类的语言交流能力。数百万年前，直立行走便已是人类的拿手好戏，尽管如此，对于进化中出现的如此快速的转变，人们还是会惊叹不已。直立行走的人也为自己创造了一个突出的天然优势：人们能用双手越来越好地把控世界。不过，相较于其他动物，直立行走的人也容易踉跄或跌倒。此外，直立的身体架构必须在脑袋不断变重的情况下始终保持平衡，这也使得背部疼痛不可避免地成为一个直到今天仍在困扰着人类的问题。特别是女性，她们会深切感受到直立行走带来的负面影响，因为在婴儿头颅体积不断变大的同时，它来到世界上的通道却越变越窄。阿道夫·波特曼提出，为了不过分危及准妈妈的生命，孩子们以生理学上早产儿的身份开始了自己的一生。在这一切的背后，隐藏着一个好消息和一个坏消息。其中之一是，“儿童的培养需要一个完整的家族”，尤瓦尔·赫拉利在其著作《人类简史》中如是说道。这句话也鼓励人类在进化中强化自己的社会联系。另一个消息是，在父母和家庭面前，3 至 6 岁的小孩具有极强的可塑性和极高的灵活性，没有人能预计到，这个与父母拥有松散的基因联系的小孩，在自己的生命进程中会成为什么样的人。

虽然尤瓦尔·赫拉利并未透露，二者中哪个是好消息哪个是坏消息，但必须说明的是，直立行走促成了人类这种社会生物的诞生，而相互交谈的能力对他们来说则是一种天然的优势。在阐述言语行为的起源之前，赫拉利将目光投向了那个体积不断变大的器官，它尽管让人以一种极不成熟的状态来到世界上，却赋予了他们极其出色的学习能力。这里所指的就是大脑，它只占一个人体重的很小一部分，却消耗了全身四分之一的能量。在这儿，我们也必须证实一下大脑的能力。需要指出的是，人脑中的神经纤维长达85万千米，它们片刻不停地工作，使头脑的记忆容量高达1千万亿字节，相当于整个万维网的容量。或许，亚瑟·叔本华令人惊讶的断言——“头脑是被世界充满的、却能置于枕头上的事物”——是最正确的说法，他如同脑科学家一样对意识进行思考，却无法解释什么能将有意识的神经活动与无意识的脑电波区别开来。出于这个原因，我们在此不对语言这个主题进行进一步解释，而是想提出一个新的问题：为什么百万年来人脑和类人猿大脑呈现出完全不同的发展进程？对此，人们相当肯定的是，烹饪技能和食用肉类对思考器官的成长做出了贡献，因为肉比根茎、叶子和莓果的卡路里含量更高，饱腹效果更好。但是，是什么引发并促进了大脑容积的扩大和智力的发展呢？

科学界流传的答案是一个人们熟知的名为“社会脑假说”的建议。其核心观点认为，人类的生存能力归功于所处的社会秩序，它比其他物种生存环境的秩序更加复杂，而这种复杂性也对人类提出了较高的认知要求。在现实生活中，人们可以为这种观点找到强有力的支持。事实证明，社会群体的大小与大脑中名为“新（大脑）皮层”区域的相对容量有关，后者也被称为“大脑皮层”，在人作为物种出现后才最终形成。依据人类大脑中新皮层的大小，科学家们可以预测他们所处的社会群体的规模。人们认为，维持紧密人际关系的人数上限通常是150，因这个数字由英国人类学家罗宾·邓巴首次提出并证实，科学界也将其称为“邓巴数”。令人惊讶的是，这个数值在人类社会中具有普遍适用性。无论是由采集者和猎人构成的部落，还是工业革命以前欧洲的农村，它们的平均规模都是150人。除此之外，150人（连队的典型规模）是一个具有独立作战能力的最小军事单位，也是个人社交网络中常见的好友数量，与此相关的例子还有很多。

人们通过研究社会的复杂性发现，人类的社会网络呈现阶梯状结构，它由个人层面开始，向外延伸至不同的阶层。慢慢地，聚集到各个阶层中的人数从5个到15个，最后变成50个或150个。依据来自硅谷的报告，那里的精英们组成了5至10人的小组一起工作，目的是为了不错过任何的成功机会。上述提及的数字序列意味着，1 个人大约会认识5 个亲密挚友，乐于同15 个好朋友保持良好的联系，并与150 个相识之人保持短暂的联系，每个人都能在自己身上对其进行验证。而与这150 人范围之外的人，这个人几乎不会有任何联系。尽管人们都会认识一些特定职业的人，例如医生、老师和邮递员，但他们在是否邀请这些人参加生日聚会时通常会犹豫不决。

从上述的观察出发，人们又自然而然地回到了语言话题上。最初，语言是为传播八卦服务的，直到今天，人们仍旧喜欢用语言来谈论他人，或者闲聊谁在什么时候被看到和谁一起。查尔斯·达尔文在其1871 年出版的书籍《人类的由来》中思考过人类如何获得语言的问题。而如今人们认为，人类最迟于数十万年前便已掌握了语言能力，智人向地球提供的最初语言样本源于他对鸟类歌唱的深刻印象，当他们听到雄鸟用鸣叫声吸引雌鸟的时候，便开始期望自己也能掌握一种音乐式的原始语言。在达尔文看来，一般情况下，人类的进化不仅包括自然选择，还包括性选择，而后者通常是由雌性完成。那时，自然科学家们已经认识到，女性为了获得后代必须付出更多，因此男性需要在女性面前展示自己，以获得她们的好感。随着时间的流逝，雄鸟歌声的曲调渐趋复杂，而人类也渐渐创造了语言，以便能做出诱人的承诺。

然而，许多生物学家认为这个假说的可信度较低，于是提出了许多自己的设想，例如，他们认为某种原始语言中包含着丰富的手势，或者认为语言始于对动物或其他自然声响的模仿，即人们所称的“拟声”。最近，语言学家们尝试将上述提及的思路整合在一起，形成了如下观点：唱歌以及由此诞生的音乐式的原始语言，与交流中的手势语言同样重要，迄今为止，人类在说话时仍旧无法让自己的双手停止做手势；同样，对动物的声音进行模仿也能给他们带来无穷乐趣。就唱歌而言，人们必须额外学会控制呼吸，这对说话也十分重要，另外，人体还会释放有助于社会团结的荷尔蒙，即内啡肽。假如人们现在再次重温达尔文的观点，他们会发现，他已经思考过也提及过以上所有的要点：歌唱、手势和拟声。

如今，语言学家们发现的语言已超过 6000 种，许多研究者认为，语言和生命之间存在相似之处，它们都只诞生过一次，然后也都出现了分支。在语言学家绘制不断“开枝散叶”的语言树形图时，上文提及的对骨头进行基因分析的方法也能做出一些贡献，哪怕这些研究对象自己并不会说话。人类在从西伯利亚大草原到欧洲大陆的迁徙过程中创造了一个新的语系，即在后续发展过程中不断细化的印欧语系。现有的考古学和遗传学发现共同说明，印欧语言起源于亚美尼亚、阿塞拜疆、土耳其东部和伊朗西北部地区，不论是冰岛语和印地语，还是普法尔茨方言和低地德语都属于印欧语系的大家庭，但它并没有包含所有的欧洲语言，例如巴斯克语和匈牙利语。

当人们思考语言（也包括基因语言）时，会问自己，语言如何能被记录下来。事实上，每种文字都有属于自己的、生动的发展史。在所有人类创造出来的文字中，能令我们悦目娱心的或许是乐谱符号，它也为人类留存下了许多超越时代之美的艺术作品。如果人们认为记谱法最初源于古印度和公元前 6 世纪的希腊，那么圭多·冯·阿雷佐在 11 世纪发明的四线谱系统便是记谱符号发展史中一个重要的里程碑。同样具有重要意义的，还有阿雷佐创立的六声音阶，他在圣约翰赞美诗的 6 行诗词中选取了每行开头的第 1 个音节，并将其确定为六声音阶的阶名唱法。这为旋律赋予了再创造性，使其不依赖于演奏者、时间和空间。

假如说人们是围绕着祭祀和宗教仪式寻找音乐的起源，并在这个领域发现了早期记录下来的乐谱，世俗领域中的文字则诞生于极为平凡的情况中：在两河流域或尼罗河流域的早期统治政权中，文字最初被用于仓库管理，而人们最早记录符号也是为了代表某一件物品。直到今天，这个想法听起来仍旧是十分天才的，它也产生了巨大的影响：当符号慢慢地与仓库中所指示的具体物品分离时，文字所传达的信息可以变得更加复杂，也开始变得抽象，它所造成的后果也的确是革命性的。在美索不达米亚地区，最初适用于记载文字的是一种由当时储量十分丰富的软黏土制成的小泥板。这些最早的文字载体虽然在古文明灭亡的过程中被火焰炙烤变硬，却极大地丰富了我们对于早已没落的文化的认知。与之相反，在埃及，人们学习利用生长在尼罗河附近的芦苇植物的优点来制造纸莎草纸，其中一些在特别干燥的气候条件下仍然保存至今。最终，中国人最晚在公元 2 世纪初制造出了人类历史上的第一张“纸”，他们所使用的原材料并非纸莎草，而是丝绸的废料。得益于阿拉伯人，欧洲人在12世纪第一次见到了用纸书写的文稿。自那时起，纸作为知识的传播载体一直服务至今，但同时，它也为许多谬论的传播创造了条件。例如，自15世纪以来就存在的、由罗马教廷发售的赎罪券，它让马丁·路德对教皇感到绝望。当时，纸被制作成宣传单页，成为推动宗教改革的主要元素之一，而自接连而至的农民战争开始，它也为此后的许多革命提供了“原料”。19世纪，当批量生产纸张的技术成熟时，第一批报纸出版了，并以极高的销量成了市场上最早的“畅销书”。虽然如今人们也能借助数字媒体传播知识，但就目前而言，纸张所肩负的传播知识的使命似乎离结束还很遥远。

美国前总统比尔·克林顿在21世纪初向世人宣告了这种特殊形式的知识，他在第一次介绍人类基因组时用了这样的话语作为导言：“今天我们将认识语言。”他认为，“在（这门）语言中，上帝创造了生命”。就在许多人对这个观点表示难以接受的同时，许多遗传学家早已十分确信“在人类遗传特征中存在语言”的设想，他们所梦想的东西被杂志称作“人类基因编辑”。这里指的是一种人类在细菌身上观察到的方法，通过这种方法，细菌可以让自己抵御病毒的侵袭。细菌拥有一种复杂的机体构造（即它们的免疫防御），使它们可以有针对性地切分和替换病毒的基因。出人意料的是，这种方法也适用于其他细胞，并可以精准地改变细胞的遗传物质，包括人类的。不过，在进化论的视角下，病毒也学会了如何冲破目标体身上存在的防护系统。当病毒成功地进入细菌内部时，它会释放出一种分子信号，以此邀请其他病毒加入攻击。从这个层面来看，社会生活的优越性已经体现出来了。

细菌的这种防卫机制拥有一个难读的名字：CRISPR-Cas9，人们可以利用这种基因编辑技术，按照计划准确地将某个基因组或基因标记出来，就像一位编辑用红笔对普通字母写成的文章会做的事情一样——他将不合适的词语划掉，添上其他可能更合适的表达。科学界将这种选择方法称为“基因编辑”。现代中国正在使用基因编辑以提高作物产量，这不禁让人想起“科学救国”的口号，它于第一次世界大战期间开始流行，在今天依然适用。假如基因干预在人体内也行之有效，人们便可以替换那些会引发致命性血液疾病的 DNA 序列，或者那些无法适应细胞内分子衰亡、长此以往会导致认知缺陷的 DNA 序列。当人们用这个办法可以帮助到一个病人时，没有人会对其提出异议。我们必须承认，在这个过程中，一些具有基因和生物作用的 DNA 片段魔法般地消失了，它们也拥有古老的进化史，只是所包含的意义还未被人类真正理解。人们如果能洞悉其中的奥秘，仍然会有令人惊讶的发现。

然而，对所有决定改写和编辑基因或基因组的人来说，最重要的问题在于弄清对自己的认知。在我看来，以赛亚·伯林的观点一语中的："针对人应该如何生活这个问题，认为在原则上人们能发现正确且客观有效的答案的想法，从本质上来说是错误的。"他还为这个古老的认识附上了自己个人的警告："我认为，与对完美生活的幻想相比，没有什么东西会对人类生命造成更大的毁灭。"认识到这一点，比任何事情都重要。

第五章 历史中的变革

“我很早就已发现，与凯撒相比，科学家们为世界带来的变化更加剧烈。而在这些改变发生的时候，他们却可以静静地坐在某个角落里。”这句话出自生于柏林的诺贝尔奖获得者马克斯·德尔布吕克。20世纪20年代，作为学生的他亲历了现代物理学的诞生，它使核能可以为人所用，使人们有能力设计出苹果手机所需的晶体管，也使人们成功地生成了激光光束。事实上，现代物理学能做的事情远不止于此。在第二次世界大战期间，德尔布吕克积极投身于分子生物学研究，促成了基因技术和多项基因组计划的诞生。这两种科学形式为炼金术士此前提出的“改善人类和自然”的想法打开了一个新的维度，人们完全可以将其视作一种革命性的发展。但由于这个修饰语（“革命性的”）不断地被滥用，它如今所承载的意义几乎微乎其微。在哲学界，人们倾向于将这种发展称作一次“颠覆”（Kehren），而政治界则更偏爱“转折”（Wenden）这个表达。当万尼瓦尔·布什于1945年向美国总统提交一篇名为“科学：无尽的前沿”的报告时，德尔布吕克也亲身经历了一次影响力极强的改变。布什的美国同胞们细致地阅读了他的文章，并在接下来的数十年中努力地将他的想法付诸实践，并创造了数以百万计的技术进步，例如计算机行业使用的芯片、卫星和全球定位系统、心脏起搏器、治疗白血病的化学疗法、核磁共振成像技术、生物技术、谷歌搜索算法和互联网等。如今，美国19万亿美元的国民生产总值中，有大约一半是上述发明和创造带来的盈利。对此，历史学家们理应要说，如果没有牛顿和莱布尼茨的微积分理论，上述提及的人类成就，以及电视机的发明和人类月球登陆等自然也就无从谈起，我们之后还会讨论到这一点。当时没有人对这个悄无声息地出现在人们面前的数学领域寄予厚望，但德尔布吕克并不这样认为。他读过普林斯顿高等研究院创始人亚伯拉罕·弗莱克斯纳1939年的一篇文章，在文中，弗莱克斯纳描述了“无用知识的有用性”，并以此阐释了当人们得到自由发挥的机会时，人的巨大好奇心能够创造出多少有用的知识。与此相关的例子还有很多，比如说修道士格雷戈尔·孟德尔，他曾于18世纪在一个修道院的花园里仔细观察过豌豆，并记录下其特点；再比如阿尔伯特·爱因斯坦，某天，当他坐在伯尔尼的公寓里时，他突然意识到，从房顶摔下来的人在下落过程中并不会感受到自身的重量，随后他也开始继续思考其中的原因。

与实验室中的逻辑演算相比，人类更依赖于头脑中的创造力去获得知识。在历史学家们明白了这个道理后，其中的一个代表，托马斯·库恩写下了《科学革命的结构》一书。就在科学革命发生的年代，农业正在经历“绿色革命”，而年轻人也正在期待一场“性别革命”。

如今，历史学家们认为，人类历史先后经历了一场“认知革命”“农业革命”和“科学革命”，在他们眼中，所有的生命最终也将汇聚到这样一种持续不断的变革中。倘若有人想将人类在发展历程中经历过的变革继续细化，不妨将第一次工业革命与第二次工业革命、第三次工业革命区分开来，它们都发生在当下 4.0 版本的工业革命之前。人们可以读到许多与“中世纪的科学革命”相关的书籍，在探究其历史意义的同时，历史学家们也将目光投向了“浪漫主义革命”，而后者对近代伦理学和政治学的影响，似乎比人们迄今为止所意识到的要大得多。尽管人们在经历革命的时候难免常常原地转圈，未必能持续前行，但革命的车轮却依旧滚滚向前、永不停歇。

无论如何，倘若有人想要用几页纸记录下人类历史中认知革命的发展历程、并给予知识这一变革力量足够的重视，他一定不会只用寥寥数笔描绘美国独立战争（1776 年）、法国大革命（1789 年）、德国革命（1848—1849 年）、俄国革命（1917 年）等，不论是出于自己的疏忽，还是出于对牺牲者的不尊重。伴随着一系列有关人权的主张，革命中的一些人把社会思想和意识提升到一个全新的高度，也取得了突出的重要成就。但就女性的生活现状而言，人权的普遍性在世界范围内还未完全实现，它仍是一个尚未完成且将永远存在的任务。革命中，不计其数的人为了追求自由和平等在斗争中牺牲了，他们努力地推翻蔑视人权的统治，有时却反而构建出一个同样蔑视人权的新体系；还有一些人从一开始就置数百万人的生命于不顾，只是为了向一些肆无忌惮的理论家提供权力的保障，他们用神像替代上帝，哪怕神像的创造者并不能从中看出任何向好的变革性进展。

通过仔细观察，人们会发现，这些政治革命、宗教革命和社会革命大多是长期发展进程的产物。但我们想做的是借用“革命”一词的本义，来描绘一场实际上突如其来且持续时间较短的根本性转变，使其不再被视为一种经年累月的缓慢过程。在谈到这些进程时，科学家们倾向于使用“进化”这一概念，自查尔斯·达尔文时代以来，该词也获得了专属于它自己的特殊含义。依据达尔文的科学革命理论，人类虽然仍处于世间万物的顶端，但这一切不再是天空中神灵的恩赐，而是得益于自然选择的过程，正是后者赋予了人类获得世界上现有地位所需的能力。

当达尔文向世人提出自己的生物学理论时，文化领域的浪漫主义革命已过去了数十年。在浪漫主义学者眼中，人的本性在于“不断地进行创造”，这也引出了“不是历史创造人，而是人创造历史”的观点。从那时起，人被看成世界的推动者，而其自身也在改变世界的同时发生变化。如此一来，人类成了历史进程的“动之动者”，当卡尔·马克思在《关于费尔巴哈的提纲》一文（正式发表于1888年）中发出改变世界的呼吁时，他所想实现的是推动自身具有进化功能的世界产生革命性发展。这个观点使我联想到现代人对宇宙的理解，事实上，宇宙并不仅仅是处在不断膨胀的过程之中，而是如同我们已经听到的一样，正以越来越快的速度进行膨胀，专业人士将其原因归于一种充满神秘感的未知能量。在这幅图景中，人类可能就是推动历史发展的未知能量。而如今，我们也应该在科学理论的语境下关注人类经历的第一次革命了。

这里所指的是一种认知转折，凭借着语言能力的发展，人类摆脱了对生物学的依赖。没有人能够准确地指出，这次认知革命究竟发生在什么时候，许多语言学家谨慎地认为，我们今天所理解的人类语言自15万年前起便已存在。拥有语言之后，人类也能够富有想象力地对当下未发生的事情或不在场的物体侃侃而谈。除了描述真实情况（Wirklichkeit）之外，他们也可以虚构和列举出许多可能的情况（Möglichkeiten）。从这时起，世界上除了历史之外，还出现了越来越多的故事，也没有人能逃脱随之而来的负面影响。虽然人们需要谎言，从而能够谈论与之相反的、被奉为真理的内容，但人类还是饱受谎言之苦。

不久前，历史学家们宣称，1万年前人类进行的经济结构转变是一次巨大的成功，人们可以将它视作一场新石器时代革命来庆祝，但这是他们的众多谎言之一。在那时，我们的祖先正在完成一次生活方式上由狩猎采集到定居耕作的改变。在历史学家的书中，人们可以读到，曾经四处迁徙的族群正在经历一次生活习惯的根本性转变，而这种转变也开启了技术领域中一次迅猛的、持续至今的发展。人们也将它称为"一次为了自己利益而进行的、计划周密的环境开发"。然而在此期间，科学家们对这个进程萌生了另一种看法：农业革命是历史中的最大骗局。正如尤瓦尔·赫拉利所写的，因为"伴随着向农业的过渡，神话中的丰饶角［首先］将自己满载的痛苦倾倒在人类身上，与鲜花和果实一同出现的还有人类的病痛，从背部和关节疼痛开始，一直蔓延到腹股沟疝”。通过对人类骨骼化石的研究，考古学家们也证实了这一点。虽然许多文献显示，人类当时已经“驯化”了小麦，但事实上，被驯化的恰恰是人类，他们因为对粮食的依赖而被束缚在房子的周围。对于因人类进化而出现的定居生活以及它所带来的令人生疑的“好处”，人们还可以这样解释：在农业革命之后，尽管每个人的生活都变得更加不易和劳累，但以这样的方式人类却能够养活更多的人。

人类最初的定居点出现在距今约 1 万年前，例如在近东的耶利哥和位于土耳其东南部的、令人惊叹的哥贝克力山丘圣地。1995 年，考古学家在这个山丘（凸起的小山）上开始了挖掘工作，不久后便发现了带有象形符号的抽象的人形石柱。就在哥贝克力山丘附近出土了原始的培育粮食时，考古发掘的领导者、英年早逝的克劳斯·施密特得出了这样的结论：当时，人类选择在安纳托利亚东南部定居，并不是出于想要种植小麦的目的，他们这么做是为了将所有人从狩猎活动中解放出来，并为他们提供生活必需的粮食，好让他们在圣地中建起数百个巨大的石柱以及圆形的大型神庙。因此，精神在当时正统治着物质。当人们放眼于人类的历史，观察自公元前3000年以来、尤其是自公元前800年（即所谓的轴心时代）以来，位于幼发拉底河、底格里斯河、尼罗河以及黄河等大河沿岸的文明古国所创造出的文化成就时，也许都会发现这个现象。

1949年，哲学家卡尔·雅斯贝尔斯在思考“历史的起源与目标”时，引入了“轴心时代”这个概念。早在1946年，他在一场名为“论欧洲精神”的报告中，就阐释了轴心时代的设想。报告认为：“于基督教信仰而言，耶稣基督就是世界历史的轴心。所有的事物都朝向他而去，也自他那儿而来，一直延续到最后的末日审判。但是，人们由经验出发观察世界历史时就会发现，世界历史的轴心存在于公元前800年至公元前200年间的几个世纪中。这个时代是从荷马到阿基米德的时代，是《旧约》中大先知和查拉图斯特拉的时代，是《奥义书》和佛陀的时代，是从《诗经》到老子和孔子、再到庄子的时代。”诗经的意思是“诗歌之书”，它是中国最古老的诗歌总集。《诗经》中区分了阴和阳这两种人们熟悉的基本力量，将二者分别与光明和黑暗联系在了一起。

在人们继续研究轴心时代的观点时，现代考古学家们一致认为，在与之相关的几个世纪中，人类思想史开始出现了一种发展趋势，预示着未来将要发生轰动性事件。在一些高度发达的古文明中，例如印度、中国、希腊等，以口头方式流传下来的、充满神话色彩的思想和传奇性的故事逐渐被取而代之，人们开始对人类生存的基本条件进行系统性反思，并尝试探寻正确的行为方式。社会学家汉斯·约阿斯认为，它导致了“世俗世界与神界之间在空间上的严格区分”，这里所指的是此岸与彼岸，也就是英语中的“天空”（sky）与“天堂”（heaven）。当这场变革于数千年前发生时，世间开始流行一种“存在着彼岸王国，也就是超验王国”的观点，而人们对其出现的原因却不得而知。“在过去的神话时代，神处在世界之中，也是世界的一部分，神界和世俗世界之间没有真正的区分，圣灵和神可以被直接影响和操控……伴随着宣扬救赎的宗教和哲学在轴心时代出现，两个世界之间产生了巨大的鸿沟。依据其中心思想，神是原初之物、真实之物和完全的他者，而与之相对的世俗只能是没有神存在的世界。”

在轴心时代，人类的思想不光迎来了一个超验世界，科学的理性也迎来了自己的第一次繁荣。那时，大自然成了大家的研究对象，人们在此框架下提出了原子论学说，这是一种关于火、地、水、风四种基本元素的理论，而米利都的泰勒斯也准确地预言了于公元前585年发生的日食。在自己的著作《几何原本》中，欧几里得（公元前3世纪）总结了发源于希腊的几何学（测地学），而与他同时代的阿基米德则提出了杠杆定理和以自己名字命名的浮力定律。

古希腊时期繁荣的科学，在日趋被基督教主导的世界中逐渐由盛转衰，直到借助来自伊斯兰世界的贡献才得以进一步发展壮大。如果我们只提及其中的两个人，那一定是海桑（埃及）和阿维森纳（伊朗）。前者曾在公元1000年左右提出了一个关于视觉的理论，后者则完成了自己的著作《医典》。早在二人之前，数学家阿尔－花拉子密（伊朗）已经对科学史做出了巨大贡献，为了向他表示尊重，人们将808年至850年之间的时间称为“阿尔－花拉子密时代”。现在人们熟知的学科名称“代数学”，也正是源自他的著作之一《代数学》（书名直译为《完成和平衡计算法概要》）。花拉子密提出的通过分步解决计算问题和其他数学问题的原则，如今被人们称作“算法”，它仍在激励着人工智能向前发展。

得益于人类努力完成的大量翻译工作，知识在公元10世纪末沿着阿拉伯世界的桥梁重新回到了欧洲大陆，在这里它遇见了一种在科学视角下已经相当枯竭、但同时又乐于接受新鲜事物的文化。自12世纪起，知识也加速了第一批大学的成立，例如位于博洛尼亚、巴黎和牛津的大学。由于人们不愿让积累的知识再次从手中流失，于是他们创造了这些地方，将知识珍藏密敛。“大学”（Universität）一词源于拉丁语中的“universitas”，指的是一个由教师和学生共同组成的集体。在这个对话式教育的发生之地，一场“中世纪的科学革命”也开始了。在1050年到1250年间，这场革命因存在于古希腊罗马时期科学思想中的“自我指涉特征”而出众，它不将自己的成功归于对外界的益处，只着眼于自我认识的准确性和真实性。

此外，当时人们还希望能创造一种有关世界起源的自然法理论。大自然在那时被看作一种可被人类智慧探究和理解的事物。值得注意的是，大阿尔伯特和托马斯·冯·阿奎那等神学家不担心信仰和知识会介入彼此的领域，造物主也会利用自然法则行事。正因为神学和哲学都源于神，所以二者很难陷入冲突。

但最迟在16世纪，当哥白尼想要改变人类的地位，将其从地心说的陈词滥调中解放出来并让他们更了解神的世界时，二者之间恰恰产生了矛盾。在此之前，文化史和宗教史领域各发生了一次规模较大的运动，即文艺复兴（Renaissance）和宗教改革（Reformation），两次运动从一开始便预示着将共同引发一场思想史的革命。尽管二者宣扬的口号一致，但它们之间仍存在着戏剧性差异：15世纪和16世纪的“重生”（文艺复兴）以过去为导向，努力实现古希腊罗马时期文化的复兴，而宗教改革则是不折不扣的改革运动，也最终导致了西方基督教的分裂。人们可以轻易地放弃天主教信仰，却没那么容易撼动它赖以建立的根基。

在文艺复兴和宗教改革的背景下，一场著名的媒介革命正在发生，它也促进了两次运动的发展。人们将这场革命的开端定在1455年，那年，约翰内斯·谷登堡在美因茨印刷出了一本《42 行圣经》。头两年内，《圣经》的印刷量只有 200 本，而且成本十分高昂，但这位工匠因为用印刷机印刷赎罪券获得了可观的收入，所以可以从容地应对作为企业家所面临的风险。利用赎罪券，信徒们可以为自己的罪行买单。对此，宗教改革家马丁·路德深恶痛绝，同样令他痛恨的还有腐败不堪的教会当局，他也在自己 1517 年的论纲中对其进行了猛烈的抨击。

可移动的活字给谷登堡的印刷术带来了成功，“Bewegung”（运动、活动）一词也随后成为所有领域的主旋律。当文艺复兴这场教育运动的代表人物们从古典时期作家的作品中学到“要以批判的态度面对现实”时，“Bewegung”这一时代主旋律变得更加凸显，而这种人文主义思想也深刻影响了宗教改革。对世界可移动性的意识最初源于莱奥纳尔多·达·芬奇生活的年代，他本人也将一条直线看成由人自己创造的动态的事物。运动原则被认为是“第一驱动力”，世间万物因其开始运转，而在它背后则隐藏着不可摧毁的能量。

就在宗教改革想要革新陈旧信仰的同时，17 世纪的欧洲出现了一些人，他们尊崇新事物，也用“新”来命名自己的著作。例如英国哲学家弗朗西斯·培根的《新工具》、德国人约翰内斯·开普勒的《新天文学》、意大利人伽利略的《论两种新科学》等，这样的例子不胜枚举。历史学家认为，这些努力是“欧洲现代科学的摇篮”，卡尔·雅斯贝尔斯在此前提到的“论欧洲精神”的报告中，将其称为“西方国家的独特之处”。他以此颂扬“彻底的革新”，认为“这场革新在技术领域的成果就是科学”，而“世界也因此正在发生一场前所未有的、彻头彻尾的革命”。与此同时，雅斯贝尔斯不禁发出疑问，为什么这场科学的革命只发生在西方世界，而非另外两个重要的世界，即伊斯兰教世界和中国。虽然他的同行认为这是一条“欧洲的特殊之路”，但他将亚洲看作“欧洲不可或缺的补充”，想要从这个历史进程本身，或在这个历史进程中理解其中的“普遍适用性”。如今，英国学者李约瑟的著作可以助其一臂之力。

1942 年，李约瑟向自己提出了一个问题：在公元前 1 世纪至 15 世纪期间，中国的科学“为了满足人类的实际需求，在利用人类已知的自然知识方面比西方国家要成功许多”，但为何此后却停滞不前、没有发展？他在1954年出版的《中国科学技术史》中再一次提出了这个疑问，并在接下来的数十年中撰写了超过20本著作，共约15000页，来尝试找到它的答案。他无法将其归因于欧洲与中国不同的气候，也不愿将其与资本主义的经济运行方式挂钩。他的思考主要着眼于自然法则的作用，以及在中国无法进行科学实验和工业革命的设想。在西方文明中，人们能够很容易地设想到，天上也存在着和地球上一样的立法者，人类或者天上的星星都必须遵守他们的指令。但是，自然法则是否是必要的呢？

在欧洲思想发展的整个过程中，历史上四分五裂的割据状态似乎也发挥了重要的作用，它也可能会导致不同地区之间的竞争。例如，在第谷和约翰内斯·开普勒的研究不再受到当时丹麦国王的支持时，二人动身前往布拉格，并在那受到了波西米亚国王的热烈欢迎，他们也因此能够继续完成自己对天空奥秘的探索。但在几世纪前的宋朝，中国天文学家沈括的遭遇却截然不同。当皇帝某一天决定不再进行观星活动时，沈括便搁置了自己的天文学事业，转而研究书法。如果在中国也存在着与欧洲类似的机遇和可能性，也许科学的历史将会是另外一番景象。

当人们对培根、开普勒、伽利略等人进行思考，认为他们在各不相同的社会政治条件下帮助人们创造了一个思想世界和一个学者共和国的时候，也必须考虑到，他们是能够通过实验，也就是通过向大自然发问获得知识的。尽管自然科学家们首先获得的只是假设性知识，但他们仍旧不断努力地向前推进，哪怕不能确保一定会获得最后的真理。由此可见，重要的不是设定的目标，而是人们为了实现目标而行动的过程。正如人们能从孔子那里读到的一样，求知的过程曾是、现在也依然是所有努力的目标。

同样，上文中 17 世纪的作家们笔下的“新事物”，代表的也是一种运动和发展路径，只不过这是一条通往未来的路，路上也伴随着人们想要创造更好生活条件的美好愿望。这些蕴含在人类努力中的进步思想的主旨是获得更多掌控自然的力量，人们也知道获得它们的方法，因为正如弗朗西斯·培根于 1597 年所言，知识就是力量。人们在经历过文艺复兴时期对美好过去的回望之后，也开始展望一个更加美好的未来。为了使自己的愿望成真，人们也应当充分运用自己的智慧和理解力。在这方面，艾萨克·牛顿无疑是极为成功的，他在 1687 年出版了《自然哲学的数学原理》，这是历史上最具影响力的书籍之一。由此，理性思想的光芒照进了他所生活的、那个最著名的启蒙运动时期，也让人类的历史熠熠生辉。“启蒙运动”这个概念与哲学家伊曼努尔·康德密不可分，他主张人们应该接受新的知识，并将人类的理性拔高到判断主体的位置，赋予意识形态和信仰较小的价值。此外，康德还阐明了直观与概念之间相互作用的重要性，二者只有相互结合才能为人类传递所追求的知识。康德指出了人的发展前景，认为人在对理性的问题进行理性回答之后，会掌握以自然法则形式存在的确切的知识。他对牛顿物理学理论的态度就是一个很好的典范，于康德而言，牛顿似乎向他宣告了永恒的真理，也让他了解到了世界的几何构造。

牛顿的卓越成就还包括他发明的一种数学计算方法，即人们如今熟悉的微积分，当时与牛顿同时进行研究的还有戈特弗里德·威廉·莱布尼茨。微积分名字中的“infinitesimal”（无限小的）一词指的是一个极限值无限变小，趋近于0，直到最终成为直线上一个点的过程。人们假如想要用数学的方式正确地描述一种运动过程，也需要将这些没有任何维度的点考虑在内，因为在运动中，人们在离开一个又一个地点（可以用一个点来标记）的同时还会改变自己的运动速度。由此，运动的加速度出现了，牛顿凭借微积分无限变小的数值领会了其中的规律，他也明白，这个定律不久后将会影响和支配整个物理学。自那时起，“无限小”在充满机械的现代世界深深地打上了自己的烙印。

就在康德为牛顿孤注一掷时，启蒙之光的负面影响也早已在世界无法停止的运动趋势中显现了出来。经历过对理性的颂扬之后，“浪漫主义革命”翩然而至，将“人文主义的世界观连根拔起”。以赛亚·伯林一语中的，认为人文主义的世界观在于“能够找到合乎道德的价值，也就是说，人们能找到什么是合理行为这一问题的答案，并做出相应的决定”。此前，启蒙主义者始终相信或希望，可以在物理学之后建立一门揭示人性的伦理科学，用于确定人类的诉求并满足它们。但浪漫主义者指出，这些价值并不会被发现，它们只能在一个富有创造性的过程中诞生，即便是牛顿的理论之光也无法为其提供指引。

谈到浪漫主义时期，人们普遍认为它始于1770年，至1830年结束。历史学家也将这段时间称作“鞍部时期”（Sattelzeit），指的是从“近代早期”到“现代”的过渡时期。在此期间，世界经历了一次人口变迁，人口总数突破10亿，铁路和稍后出现的蒸汽船舶带来了人们迁移方式上的变革，工业化开始迅猛扩张，人类也拥有了许多新的消费喜好。换言之，就像于尔根·奥斯特哈默尔描述的一样，“世界的演变”开始了。他认为，人类的生活与活动很显然越来越接近当下流行的社会习惯，人们可以通过一些例子来进一步说明：“在那个世纪，能量成了全社会共同的主题”，于是，在当时的工业化进程中人们也在努力开拓新的能量源泉。在此期间，1859年8月28日这个日期特别引人注目。在这一天，人们在宾夕法尼亚州成功地钻出了第一口石油井，不久后，世界上也出现了一个不断发展的石油市场。石油通常被用于发电，继而为家家户户和各个城市提供电力，但这一切直到意大利人伏打于19世纪初成功地设计出了第一个电池之后才成为可能。到 19 世纪末，世界上绝大多数的家庭都已通电，大公司之间也开始因电源供应而不断争吵。确实，电本身也经历了一次意识形态上的“充电”，因为社会进步与消除贫困变成了同样重要的事情。这个思想源于十月革命（1917 年 10 月 25 日）之父弗拉基米尔·伊里奇·列宁的名言：“共产主义就是苏维埃政权加全国电气化。”

即便是在几乎不能使用电力的 19 世纪，人们也已有了设计计算机的雄心。最著名的设计方案之一是英国人查尔斯·巴比奇于 1840 年提出的“分析机”，它也给年轻的女数学家阿达·洛夫莱斯留下了深刻的印象。在当时，这位数学家已经认为，机器或许有一天也能具有创造性，可以完成作曲或复杂程度相当的任务，直到今天，这一点仍是大家乐于议论的内容。

在医疗和保健方面，一种与卫生相关的新知识首先传播开来，它也促进了排水工程的升级并改善了水供应。与此同时，人们发现了越来越多的能够引发传染病的微生物，而与之相关的后续研究也促成了细菌学这门学科的建立。自 19 世纪晚期以来，尤其是伴随着盘尼西林（青霉素）时代和抗生素时代的出现，细菌学的发展取得了前所未有的成就。和它一样造福社会的还有随后出现的疫苗和预防接种，1800 年拿破仑下令，在法国全面进行预防接种，数百万人因此得以建立起免疫屏障。当然，医学的进步也带来了一些负面影响，其中之一是，人的健康变成了一些技术上的数值，而病人也从医疗的主体变成了对象。如今，抗生素在轻症案例和动物饲料中的滥用，使这个独特的防卫武器渐渐不再锋利，与此同时，疫苗防护也成了一些有心之人危言耸听和刻意抹黑的手段。突然之间，我们及我们的后代似乎又有可能会重新经历末日时代般的大规模流行病。

电气工程和（如今的）电子技术的发展让地球成了一个全球化的信息村。同时，被广泛提取和存储的数据也成功地将我们生活的现实世界分解成了不计其数的数字和数据组。在此期间，科学史家们出版了许多有关概率革命的书籍，他们认为，在概率革命的进程中不会出现太多的偶然性事件，而从决定论出发对历史进程做出的设想也会被一一破坏。那时，人们对自然法则的表述和对与之相关的自然进程的描述主要呈现为统计学报告的形式，例如，由格雷戈尔·孟德尔发现的遗传定律或不同物种的进化过程，这在思想上对他们的世界观产生了深刻影响，也在经济领域促成了保险公司的成立。当马克斯·韦伯在 1917 年发表著名演讲“科学作为一种职业”并谈及科学对公民社会和受教育公民的影响时，他仍旧认为，人们“原则上能通过计算掌控一切”，他也将其称为“世界的祛魅”。然而，韦伯和他的追随者并未意识到，事实上正是科学为世界披上了一层魔法的外衣，也造就了它的神秘感。

科学家们在 19 世纪实现的科技进步给社会大众留下了印象，人们似乎已越来越靠近历史的目标，正如 1900 年报纸中所写的一样，“这个目标是统治自然并建立正义的王国”。然而，接下来发生的所有事情都和人们的预期不同，人们甚至应该为它们加上语言中常用的否定前缀“un-”（不）。马克斯·普朗克首先意识到，大自然中出现的量子跃迁现象体现了自然的不稳定性（Unstetigkeit），紧接着沃纳·海森堡揭示了在原子层面出现的一种不确定性（Unbestimmtheit），后者也在今天限制了电子电路的微型化发展。20 世纪 30 年代初，数学家们发现某些命题具有不可判定性（Unentscheidbarkeit），例如一位理发师在广告中承诺为所有自己不剃胡须的人提供剃须服务，但他自己却面临着“我的胡子算是谁剃的”这个问题。对人类来说，最为棘手的问题是存在于所有极为复杂且发展轨迹非线性的系统中的不可预见性（Unvorhersagbarkeit）。正因如此，出现不准确的结果（Ungenauigkeiten）也是在所难免的。伴随着这种复杂性，人们对一个系统的显著特征进行准确描述的能力也下降了。即便人类掌握了所有知识，未来对他们来说依然是、也将一直是无法预见的。

如果我们认为，伴随着科学革命的培根时代始于17世纪，那它在20世纪则走到了尽头，罗马俱乐部早在20世纪70年代便已清晰地认识到，科技进步的“增长极限”会变得愈发明显。关于培根时代结束的原因，人们可以总结为以下几个关键点：在历史的进程中，科技在进步的同时放弃了对人性的追求；科学被大肆用于制造大规模杀伤性武器，并为战争服务，它完全丢失了自己的纯洁与清白。新的变革是否会到来，这还是一个疑问。正如不少书籍预告的一样，科学已经引发了许多“无声的革命”。这次，它会用自己的所有算法将世界转变成一个数字化的虚拟空间。与此前不同，这场“非物质革命”不会制造出任何噪音。

第六章　人类与机械

早在石器时代，人类就已开始使用工具，他们用钻头、箭、弓和投掷长矛的木棒制造出了世界上最早的机器。如今，人们用“机器”这个名字称呼某些设备或器械，他们将能量注入其中，目的是让它们能够完成自己不想做的或对自己来说负荷太重的任务。除此之外，现代的机器都拥有自己的名字，例如蒸汽机或计算机，这些名字要么说明了人们置入机器的能量形式（例如蒸汽），要么表达了人们对它的期待（例如能进行数字计算）。技术（Technik）一词最早源于希腊语中的 techne，意思是熟练的手工技艺。同样，人类也展现出了突出的发明才能，很早便开始加工金属（公元前 6 世纪）、生产玻璃（公元前 2 世纪）、设计杠杆和制造螺丝，所有的这些都被亚里士多德称为“机器”。由此可见，“技术”一词已存在很久。而凭借蕴含于其中的思想，人们也成功地设计和制造出了滑轮组、水车、第一个暗箱（伊本·阿尔－海赛姆早在一千年前已经描述过）以及本书之前提到的、1450 年前后出现的印刷术。尽管这些技术中的任何一项都会对人类产生深远的影响，但真正使人与机械紧密关联、无法分割的却是 18 世纪末期发生的、以蒸汽机为主要代表的工业革命。事实上，早在公元 1 世纪，埃及亚历山大港的人们已经开始使用蒸汽来移动闸门。而属于蒸汽机和工业革命的新时代，直到公元 1800 年前后才真正拉开序幕。紧接着，历史学家们又界定了第二次、第三次和第四次工业革命，作为它们标志的机器变得越来越智能，而机器之间的联系也越来越紧密。

在我们继续讨论工业时代之前，有个男人特别值得一提。他才华横溢，在任何时代都被看作佼佼者，他就是莱奥纳尔多·达·芬奇。在科学理论家于尔根·米特尔施特拉斯眼中，当今世界是一个“莱奥纳尔多的世界”，它可被看作“人类依靠科学完成的杰作”。莱奥纳尔多·达·芬奇不只是画家和雕塑家，他也是军事工程师和机器制造家。他设计了滑轮和十字弓，也试图设计一些机器装置用于竖起沉重的雕像，这让他伤透了脑筋，因为在他生活的时代，人们还未针对机械定律进行研究。第一个成功理解其中力的作用的人是牛顿。除此之外，莱奥纳尔多·达·芬奇还在思考“一种看不见的力量（精神力量），而这种无形的、令人捉摸不透的力量可能正是运动产生的源头”。这里所指的听起来似乎是能量，后者也推动着“莱奥纳尔多的世界”欣欣向荣地向前发展。

19 世纪早期，蒸汽机已运转多时，当人们想要弄清楚机器需要什么才能完成它应做的工作时，“能量”一词才在科学领域出现。人类最早期的机械装置与泵类似，它们将以蒸汽形式存在的热能通过活塞注入运行的机械中。泵的工作原理也是如此，它们将水从井中抽出，注入位置较高的蓄水池中，并从那儿开始推动水车转动。18 世纪末，蒸汽机的功率得到了较大提高，人们已可以用它推动内河轮船的桨轮。在接下来的几个世纪里，蒸汽机让许多东西动了起来。当这个技术被用在火车头上时，它所带来的旅客数量和装备运输总量的提升，直到今天人们也难以想象。当然，所有被运输的人中也包括：在第一次世界大战（1914—1918）中被源源不断的武器扫射而死的人们、凡尔登战役（1916）中数十万的死者、第二次世界大战（1939—1945）中的牺牲者，以及自1942年以来在纳粹集中营内遭受历史上罕见的流水线大屠杀的数百万犹太人和其他被迫害者，例如辛提人和罗姆人。死亡是来自一位德国的首领，而阿道夫·艾希曼则是它的运输总管。

人们通常会将苏格兰人詹姆斯·瓦特与蒸汽机联系在一起，他虽然不是蒸汽机的发明者，却为它的实际应用提供了具有决定意义的改良意见。其中一条便是为蒸汽机引入一个转速调节器，它能在齿轮的附着力消失时避免正在旋转的齿轮失去控制。而当机器运行过快时，调节器可凭借离心力向上移动，限制蒸汽的流入。现代技术将这种原理称作反馈（Rückkopplung 或 Feedback），早在1868年，詹姆斯·克拉克·麦克斯韦已对这种调节方法进行了最初的数学分析。在分析中，他用英语词“governor”（德语 Steuerelement，意为调节器）来称呼离心调节器，在20世纪40年代，科学家们也能读到类似“Steuermann”（操控器）的翻译，它源自希腊语中的“kybernetes”（舵手）。当时，他们正在诺伯特·维纳的带领下，着手研究“生物和机器中的调节和信息传递”。正因如此，他们将自己的研究归于控制论范畴，并开始借助它研究人类和机器的调节机制。诺伯特·维纳在20世纪50年代写道，控制论者认为，人们“通过研究信息和交际的可能性能够理解”一个社会。这里提到的信息指的是“人传递给机器、机器传递给人以及机器之间互相传递”的信息，就好比当下，几乎每个人都使用智能手机，而人与人之间的交流变得越来越少。这在维纳看来是理所当然的，以至于他根本就没有提及这个现象。

如今，控制论的热潮虽一去不返，但人们现在仍可在“赛博空间”（Cyberspace）中找到英语单词“cybernetic”（控制论）的前两个音节。“赛博空间”指的是一个因电脑出现，也由电脑组成的虚拟世界。需要特别说明的是，信息处理之所以能够获得今天的意义，首先要归功于数字化运行的机器。与维纳使用的早期模拟化机器相比，它一方面能够有效地控制运行中的噪音负荷；另一方面，它的组成部件也越来越小。如今，元件的体积变得极其微小，以致于海森堡提出的“在原子领域中无法避免的不确定性”原理也适用于此，限制了元件的进一步发展。然而，人们从中仅仅感受到了挑战，于是开始利用类似石墨烯的二维材料继续发展半导体技术。

1950年前后，控制论经历了它的鼎盛时期，其中的代表人物也对如今占主导地位的计算机技术和与之相关的计算机结构提出了自己的设想。在那个时代，人们用“计算机”称呼的不是机器，而是那些依靠头脑和手在天文台进行计算的人们。直到20年后，计算机这个名字才被用来命名大家如今十分熟悉的计算机器，只不过电脑在此期间不再是单纯的计算机器，它早已将世界纳入囊中，并将其呈递到人类手中。对于这一切，那些制造第一批蒸汽火车头、设计机械织布机并为其配备操控技术的先辈们却一无所知。总的来说，机器可以大规模、低成本地生产消费品。但我们不能忽略随之而来的负面影响：在这些企业中，无数人（男人、女人和孩子）站在机器前工作，却无法获得足够维持其生命的必需品，他们的境遇无异于在经历一场悲苦的奴役。我们也从未忘记，即便是在今天，这仍是许多发展中国家数百万人的日常。他们报酬低廉，将这份并不稳定的工作当成自己最重要的事，却只能从富裕国家中获得一点点可怜的福利，这也最终导致了2013年发生在孟加拉国的纺织工厂倒塌悲剧和数千名的人员死伤。

尽管如此，机器的原理仍旧行之有效。机械化的工作、人员和交通成了现代社会的标志，一个分工型社会也就此诞生。在这个社会中，经济巨头和政治统治者的剥削不言自明，但他们却不能对社会问题视而不见，例如工人医疗保险和养老保险的问题，或者有关工作时间的规定等，前一个问题自俾斯麦1883年进行社会立法时起便存在于德国。

如果人们想用一个单一概念来囊括第一次工业革命之后的众多发展，或许他们可以选择“世界的电气化”。除了维尔纳·冯·西门子或托马斯·阿尔瓦·爱迪生等发明家之外，电气化的实现还要归功于数以千计的电工们，他们帮助城市建设了连接千家万户的电力网络。与电能一起出现的还有分工明确的流水线生产方式，20世纪初，它被用于屠宰场和汽车生产中，亨利·福特在1908年推出的T型车就是首个通过流水线作业生产出的产品。此后，亨利·福特想必会慷慨激昂地向人们讲述，流水线如何成功地促进了“工具和人力在工作流程中”的结合。

尽管社会生活因此发生了翻天覆地的变化，人们也不应该忽略诺伯特·维纳的观点。他将电子管视为第二次工业革命的开端，在他看来，电子管是“应用范围最广的万用能量增强器”。它可以被用于信息传播，在早期的电话机中，人们用它来增强声音信号，使其拥有“长途跋涉”的能力。尽管 1837 年以来成立的电报公司都认为，远距离通话是不现实的，电话最多也就适用于办公室之间，但菲利普·赖斯 1861 年之后的研究却证明，事实并非如此。1876 年，亚历山大·格拉汉姆·贝尔获得了一项电话机的专利。次年，贝尔电话公司成立，仅三个月，该公司就成功卖出了 50000 部电话机，同时完成了电话线路的铺设。随之出现的还有电话局以及女接线员们，作为在该行业里的第一批工作人员，这些女士也被授予了一项特殊荣誉，她们因工作造成的身心俱疲状态被认定为职业疾病。美国发生的这一切也促使德国当局将人们口中接线员小姐（Telefonfräuleins）的工作时间减少至每周 42 小时，而此前她们通常需要每周在邮局工作 54 到 60 小时。正如卡尔·海因茨·梅茨在其《西方文明技术史》一书中写的，“在交谈中人们不需要空间，人也无需在场，它就像机械工作一样，原则上随时可以进行。这让人们感到十分不安，却又深深地吸引着他们”。在他看来，马塞尔·普鲁斯特和西格蒙德·弗洛伊德提供了很好的例子，前者感觉电话中的声响会让他想起来自地狱的声音，而后者则将精神分析的场景和通电话时的情景进行比较，并关注拨打电话的人们，研究存在于其中的二重性特征：一方面身体不在场，而另一方面却对交流充满欲望。在他生活的时代，这种行为在美国十分常见。

在科学家研制出电子管，使这一切成为可能之后，海因里希·赫兹也成功证明了，电荷在移动时会形成一个能以电磁波形式向外扩散的磁场。当赫兹将一些金属球体装在通电线圈上时，他观察到，在球体间跳跃的火花也会同时出现在远端的两个金属球上。此般神奇的现象为这位物理学家打开了通往无线电的大门，很快，无线电广播变成了一个遍布全球的信息媒介。当然，为了支持无线广播电台的运行，科学家们还必须研制出合适的增强器，而在这一次发展的进程中，电子管也找到了自己的用武之地。假如赫兹没有发现电磁波和电子管，信息技术也就无法如此迅猛地发展，并对整个20世纪产生决定性的影响。而直到电子管发展成晶体管，大家才充分了解到这个“万用工具”的特性和用途。

所有这一切都发生在第二次世界大战之后，那时广播已经成了大众媒体。广大受众对这个新兴媒体的反响良好，爱因斯坦甚至认为无线电视广播技术员是“真正民主”的先驱。但与此同时，瓦尔特·本雅明等知识分子却发出了警告，认为它会成为一个提供“善意消遣”的“无线百货商店”。早在1933年，纳粹已经开始生产国民收音机，并系统性地利用这种新兴媒体宣传自己毫无人性的思想。那时收音机的销量超过400万部，而在如今的德国，这种不光彩的思想又出现了复苏的痕迹。

当国民收音机的销量达到400万部时，人们正在经历第二次世界大战，而它对世界秩序的影响一直持续至1990年。第二次世界大战结束之后，有关信息时代的设想成了人们最关切的话题，它也开启了第三次工业革命（即持续至今的数字革命）的序幕。这场数字革命最显著的化身是手机，它对全世界产生了深远的影响。在德国，人们将手机称作“Handy”。如果人们在此联想到马丁·海德格尔提出的一个哲学概念时，Handy这个名称似乎也并非毫无歧义。海德格尔认为，如果人们使用某个工具时得心应手，它就会变得好像消失了一样，这就是工具的“上手性”（Zuhandenheit，亦可理解为“应手状态”）。如果人们在使用过程中能明确地感受到工具的存在，此时它所具有的便是一种完全不同的状态，即“在手性”（Vorhandenheit，亦可理解为“现成状态”）。在数字革命中，手机实现的正是从在手之物向应手之物的转变。

然而，在手机技术经历当下的鼎盛时期之前，另一种机器通过特殊的方式满足了人们活动（具有灵活性）的愿望，但也耗费了人们更多的精力。在文艺复兴时期，人们将满足这种需求视作生活的准则，它为人类实现了一个古老的愿望，因为在古希腊罗马时期，能自由活动是神灵们的本质特征。而如今，在灵活性这个层面上，人类自己与神灵相比并无差异。使用石油及其碳氢化合物作为原料的内燃机的出现，也为汽车行业的崛起提供了必要前提。

1860 年，人类生产出了第一台燃气发动机，用电子点火引发的燃气爆炸替代了早期的蒸汽膨胀。与此同时，尼古劳斯·奥托也在潜心实验，研制一台以液体为燃料并配有汽化器的发动机。在他看来，一台四冲程发动机似乎能较好地实现他的设想，因为这样的结构不仅可以在空间上使发动机的进气、压缩、做工和排气这四个重要步骤彼此分离，而且也保证了各步骤之间存在合适的时间间隔。1876 年，工程师奥托展示了第一台发动机的模型，人们参照它，在接下来的 20 年时间里生产了 8000 台发动机。同时，人们也在不断对该模型进行改良，使发动机的功率最终达到了 100 马力。

但戈特利布·戴姆勒和卡尔·本茨知道，奥托的模型并没有解决“汽车发明中的总体问题”。1887 年，当第一辆奔驰汽车在平坦街道上的行驶速度达到每小时 12 公里时，车辆金属轮框上安装的还是实心橡胶轮胎。直到 1920 年，人们在化学工业中才成功地制造出了合成橡胶，由此诞生的低压轮胎使汽车不久后便能在沥青路面上行驶。尽管沥青这种材料从古希腊罗马时期起便已为人所用，但在不断发展的机械化进程中，人们也需要借助化学不断对其进行改良与调整。值得一提的是，在1830年左右，人们利用锡板上的感光剂（沥青）成功地拍摄出了历史上的第一组照片。

假如我们带着这些知识重新关注汽车的发展，我们会发现，化学对行驶质量的提升做出了巨大的贡献。当然，没有人会否认，化学也像月亮一样存在阴暗的一面，因为在那个时代，伴随着化学发展出现的还有塑料垃圾和杀虫剂。但化学这门科学同时也将爱洒满世间，它为饥饿的人们提供食物，为病患提供治疗，也为赤裸之人提供衣物。

让我们再次回到汽车这里：1888年，本茨的妻子贝尔塔首次完成了从曼海姆到普福尔茨海姆的长途旅行，这也加速了人类出行方式的转变。1900年，汽车完全取代了马匹，成为人们主要的交通工具。因此，当德国最后一任皇帝威廉二世说“我信任马，汽车只不过是昙花一现的东西”时，他应该是犯了一个错误。在今天，人们或许会对马匹淡出生活表示遗憾，但在那时，汽车早已经敦促人们开始建设必要的基础设施（例如加油站等），为行驶和燃料补给提供便利。截至1939年，德国境内各类服务站的数量共计65000个，它们大小不一，但都属于“帝国高速公路”项目的范畴，最终也为德国谋划战争提供了帮助。

第二次世界大战结束之前，匈牙利裔数学家约翰·冯·诺伊曼已经设计出了一台计算机，它所包含的一些设计元素被沿用至今，成了现代电脑的组成部分，例如运算器、控制器、存储器、数据和信息的输入和输出装置。这台计算机的设计灵感源自英国人艾伦·图灵的设想与尝试。1936年，图灵设计出了图灵机，想用它来弄清楚可验证性和可计算性的极限。他在研究信息时使用的离散方式，被未来所有计算机所借鉴和采用，由此许多新的可能性也出现了。在《图灵的大教堂》一书中，乔治·戴森谈到了“数字时代的起源”，他写道：“在图灵之前，数字是人们工作中使用的工具，而在他之后，数字开始自己工作了。”这座“大教堂”的出现，要归功于图灵的一种未知的信念，他坚信计算机会“为上帝创造的灵魂提供一个居住的家园”。作为可计算性的益处之一，图灵在第二次世界大战期间还致力于破解德方的密电，相较于武器研发技术，解码工作本身更加重要，它也为盟军战胜德国做出了突出贡献。这个成就不再只是关乎计算机领域，它所代表的是野蛮的失败和文化的胜利，而幸存下来的文化又将激发出更多思想的火花。

在图灵思考与灵魂有关的问题并想要发现机器是否能自主思考的同时，诺伊曼在美国也开始探求机器是否有一天也会开始繁衍后代。在苦思冥想之时，诺伊曼告诉自己的朋友们，他正在研究比炸弹更加重要的东西。他所指的就是电脑，它证明了人类的创造性既是最具建设性的又是最有破坏性的，且二者密不可分。起初，科学家们不得不停止了于1943年启动的以投放核炸弹为目标的“曼哈顿计划”。由于此项计划涉及的计算量（Computations）前所未有的巨大，因此制造出能够承担该任务的机器显得十分必要。同时，为了能在不断变化的风速与风向下确保炸弹被准确投放到目的地，战争过程中的常规计算量需要达到十位数级别。

这意味着人们必须提高计算机的计算能力。1945 年，人们制造了一台名为“ENIAC”（电子数字积分式计算机）的（模拟）电子计算设备，它配备了 18000 根电子管，重达 30 吨，占地面积约 140 平方米。ENIAC 的计算速度比其他同时代的计算机快 1000 倍，甚至比德国著名的 Z3 计算机更快，后者的制造者是长期被自己同胞忽视的德国工程师康拉德·楚泽。出于种族研究的病态意图，楚泽自 1938 年起制造出了名为 Z1、Z2 和 Z3 的可编程自动计算机，并最终完成了 Z4。1949 年，楚泽将这台计算机卖给了瑞士联邦理工学院。虽然 ENIAC 团队已经萌发了对电脑进行编程的设想，但直到 1957 年，IBM 公司才正式引入了一种名为“FORTRAN”的编程语言，这个名字也是“formal translation”的缩写。

现代机器只需几秒钟的时间，便可完成最为复杂的运算，由此一个问题诞生了：在微型化发展的同时，是什么实现了电脑计算能力的提升？答案就是晶体管。1947 年，三位物理学家威廉·肖克利、约翰·巴丁和瓦尔特·布拉顿在尝试对被人们称作半导体的晶体或固态物质进行系统研究时，发现了晶体管的制作办法，而此前，人们从未就半导体的特性单独进行过研究。而一些物理学中起初令人感觉无聊的问题，例如“人们利用时而导电、时而绝缘的硅元素能做什么”，在研究雷达技术的工作中却是科学家们最感兴趣的话题。在雷达技术中，人们需要敏感度极高的接收器（例如检波器）去捕捉通常极其微弱的信号，有一天某人突发奇想，或许半导体可以充当这个角色。在外部环境发生极其细微的变化时，例如通过光线注入能量，一些半导体晶体会突然从绝缘体变成导体。因此，人们如果想要测量光能的波动，可以尝试使用半导体作为检波器。1945 年以后，人们开始系统地研制断路器，1947 年，第一个晶体管诞生了。晶体管这个名字是一个人造词，由转移（Transfer/Übertragung）和阻断（Resistance/Widerstand）二词组合而成。这样的一个“转移阻断”能够阻断电流，或对其进行增强。它不仅能和旧的电子管一样进行传送，还能保证更好、更稳定的传送效果，与此同时，它的体积要小得多，而生产成本也更低。

起初令科学家们最感兴趣的半导体材料是硅。人们可以从主要成分是二氧化硅的沙子中提取出硅元素，而纯的二氧化硅也被人们称为石英。化学元素硅的英语名字是“silicon”，20 世纪 70 年代成为美国计算机工业摇篮的硅谷（Silicon Valley）正是以它的名字命名。假如人们为了解释它的应用能力，将硅元素设想为 1 个原子，那么它的外层结构则由 4 个价电子构成。在一个由硅元素构成的晶体中，这些电子大多都与原子捆绑在一起，无法导电。但如果人们有目的地将硅晶体和一种带有五个外层价电子的元素，例如磷，掺杂在一起时，便可让硅晶体导电。因为，每个磷原子在进入由硅元素构成的栅栏时，会释放一个可以流动的电子。与之相反，人们也可以引入一个只带有三个而非四个外层价电子的元素，例如铝，以至于在掺杂过程中会产生一个可自由移动的空穴。它的移动方式与人们从外面向一排座位中间的空位递补时一样。当半导体内出现一个自由电子时，物理学家们会因为其呈现出的负电状况称之为 n 型半导体，而当半导体内由于缺少电子，形成了一个（正电）空穴时，他们会将其称为 p 型半导体。如果单独的 n 型或 p 型半导体还不足以被视作奇迹的话，人们可以将二者进行恰当组合，例如 pnp 或 npn，用来改变世界。晶体管本身也是一种类似的半导体组合，如果人们在 npn 型晶体管的中间层（基极）引入微小电流，它将变成一个电流放大器。

然而，晶体管的诞生也离不开量子力学的知识。即便人们当时并不知晓热力学定律，他们在 18 世纪仍旧能够设计出蒸汽机，在 19 世纪也能铺设一条完整的铁路。但到了 20 世纪下半叶，人们单纯依靠想要得到某物的意愿并不能创造出全新的事物，他们必须了解清楚其中的原委，就像晶体管的发明过程一样。倘若有人想将这第一个小小的例子比喻成巨大的历史发展趋势，他大可以说，那时的工业社会已经开始转变为信息和知识社会了。

第一个关于信息的理论可以追溯到 1948 年，那时数学家克劳德·香农正在思考如何更好地传播消息。为了定义什么是“更好”，香农建议用二进制来呈现所有的符号，也就是将它们转换成由 0 和 1 组成的数字序列，并通过所需的数位多少来确定具体的信息内容。他提出了“二进制数字”（binarydigits）的说法，而后这个词以其缩写形式“比特”（Bit）进入了人们的日常语言中。对数学家来说，二进制的想法是一个十分古老的话题，他们也一直在讨论如何用二进制语言来制造计算机。早在17世纪，戈特弗里德·威廉·莱布尼茨便已开始思考用二进制编码来呈现数字的可能性，例如数字7可以呈现为111，这在莱布尼茨看来也象征着三位一体（Trinität）。香农想要实现的目标不仅是为信息测量创造更好的条件，他还想要将电子转换电路中的信息以消息的方式传送出来。在此，二进制单位恰好可以大显身手：香农将存在电流的地方编作1，将没有电流的地方编作0。他在自己1948年的两篇原名为“通信的数学理论”的文章中建议，先对消息进行二进制编码，然后通过其中包含的0和1的数量来确定信息量。人们可以将日常生活中熟悉的数字用二进制的方式来表达，例如0、1、2、3、4、5、6、7、8、9可以分别被表达为0、1、10、11、100、101、110、111、1000、1001。同样，人们也可以用二进制来表示字母，只不过他们还需要为其确定某种密码。这里的密码可以理解为某种转换规则，依据它人们能将一种符号（例如一个字母）转换成另一种符号（例如一个数字）。说到这，或许有些人会想到摩斯密码（Morse-Code），它将每个字母都转换成一个由点信号和长信号构成的组合，并用电报的形式将信息发送给他人。在现代计算机技术中，人们还常用一种以8位（Bit）为长度单位的密码，因此人们也将这种信息的长度单位称作字节（Byte）。1字节（8位）共有2的8次方、即256种不同可能，足以对语言中的所有字母、数字以及特殊符号（例如冒号）进行编码。如此一来，人们能将所有信息以电子信号的方式输入电脑。在古希腊罗马时期，“信息”一词指的是人们知晓或创造出来的东西。它与信息的意义相关，但香农却放弃了这个定义。他想要将复杂的东西排除在外，因为他认为，“对技术问题而言，交流中语义层面的内容是无关紧要的”。就这样，香农创立了信息的数学理论，数字时代也因此揭开了序幕。

在制造出第一个晶体管的三人中，只有一个人看到了这个元件隐藏着的、在一个不断数字化世界中的巨大经济潜力，他就是威廉·肖克利。他在20世纪50年代成立了一家公司，主要关注晶体的纯度和分层的可靠性，并想要使晶体管保持尽可能小的体积。1957 年，有 8 名员工离开了肖克利的公司，其中就包括戈登·摩尔。他提出了著名的摩尔定律，根据该定律，硅片上可容纳的晶体管数量每隔约 18 个月会增加一倍，而安装有硅片的计算机的存储空间和计算空间也会相应发生变化，这个现象一直持续至今。

1958 年，杰克·基尔比制造出了第一个集成电路，芯片也由此诞生。早期电路的组成部分只有一个个晶体管，人们将它们安装在电路板上并彼此相连，只是为了能成功地执行一些逻辑运算程序，而后者的基础则是英国数学家乔治·布尔在 19 世纪发表的论文。从他提出的数字逻辑来看，机器可以执行“与”“或”以及“非”的连接操作，因此它能实现的功能远不止计算一种。不久后，人们成功地将越来越多的晶体管集成在一起，甚至成功地将数十万个晶体管安装在芯片上。集成后的芯片能够进行逻辑运算并给出指令，起到了一台电脑中央处理器的作用，即“CPU”（Central Processing Unit）。从现在起，这种集成电路被人们称为“微处理器”（Mikroprozessoren），而所有这些“可编程的逻辑电路”都源自英特尔公司

1971 年推出的微处理器 Intel 4004。两年后，英特尔公司又推出了 8008 处理器，它能够控制和调整工业生产的过程。第三次工业革命也因此拉开了序幕。

在第一款芯片被制作出来的时候，工程师们也首次提及了“软件”。软件程序最初是和硬件设备一起生产的，直到出现了第一批将硬件与软件分开进行销售的公司。它们利用不断更新的机器语言单独进行软件开发与供应，其中最好的范例就是由比尔·盖茨创立的微软公司，以及 20 世纪 70 年代开始进入市场的苹果公司及其创始人史蒂夫·乔布斯。继体积庞大的 ENIAC 之后，可随身携带、计算能力更强、运行速度更快且计算结果更为可靠的小型计算机出现了。自 1975 年起，名为手提电脑或笔记本电脑的、设计精美的计算机开始进入市场。

伴随着电脑行业不断发展，人们也开始关注对管理和存储文件及信息来说不可或缺的数字空间。数字空间绝不等同于一个“自由空间”，一些别有用心的人正利用它来进行信息剥削和实时监控，甚至利用其来压制他人。我们正在经历数字空间发展的开端，而不论资本主义国家还是社会主义国家，也都将完善数字空间上升到了国家利益的层面。

数字空间指的是机器内的一个空间，一个被赋予越来越多现实世界任务的空间。达维德·古格利在自己关于数字现实起源的书中写道，“美国航空航天局将自己的任务控制中心完全覆盖了 IBM 技术”，为现实世界进入机器领域注入了动力，同时他还描述了德国联邦刑事警察局和国际银行如何将其工作和业务与数字空间联系在了一起。对数字空间的发展起到推波助澜作用的，还有一门在科学、经济和社会的相互作用下诞生的新兴学科，名叫“信息学”（Informatik）。信息科学家尝试为现有电脑设计新的算法，以此探寻机器计算的极限。他们还尝试将专家系统设计成针对某个具体对象的程序，例如天气或疾病防治，并为所有人提供至今只有专家知晓的专业信息。

当然，信息科学家能做的远不止如此。从诞生之时起，信息学既包含了为其提供编程语言和算法的数学知识，也涵盖了用于制造机器和电路元件的电气工程学知识。今天，人们对世界范围内最宏伟的信息网络，即“万维网”（World Wide Web，WWW）的了解，也是信息学的一部分。万维网 1989 年诞生于日内瓦的欧洲核子研究组织 CERN，并于 1991 年 8 月由国家开放，供普通民众日常使用。数年后，几乎每一台电脑都与其他电脑联系在了一起，一个今天被人们简称为“互联网”（Internet）的庞大网络随之诞生，开启了一个全新的研究时代。人们将其称作“Networked Science”，也就是网络科学，并急切地期待着集体智慧的结晶。这个庞大的网络如今给人们提供了例如电子邮件（E-Mail）等诸多备受喜爱的服务，它最初起源于美国国防部 1969 年启动的“阿帕网”（ARPANET）项目，后者在当时仅仅是一个小型网络。负责该项目的工作小组被称作“高等研究计划局”（Advanced Research Project Agency），其任务是将大学和其他研究机构的电脑连接在一起，以提升总体上稍显局限的计算能力。他们将电脑彼此相连，方便使用者互相交流，不久后，用户们开始使用电子邮件来满足自己同他人交流的需求。

为了避免人们在互联网庞大的数据量中迷失方向，搜索引擎应运而生。1998 年，一款如今几乎人尽皆知的搜索引擎被投放进市场：拉里·佩奇和谢尔盖·布林成立了谷歌公司，为用户提供“谷歌搜索”（德语为

googeln，读作 gugeln）服务。2004 年，德国杜登词典也将动词“googeln”收录其中。

同年，还诞生了一个自称为“脸书”（Facebook）的社交网络平台，它最初的目的是方便哈佛大学的学生们互相认识。脸书的创立者马克·扎克伯格坚信，“信息是为传播而存在的”。不久后，该网站面向全美所有高校开放，2006 年起外国高校也可接入脸书。截至 2010 年，脸书社区的全球用户已达 4 亿。如今这个数字已经增长至接近 20 亿。

第七章 从知识到真理

约翰·赫伊津哈在《游戏的人》一书中，讲述了“游戏中文化的起源”。他所指的是一种自由行为，人们也可从中获取知识，比如孩子们会问，风在不吹的时候会做什么。“游戏”（Spiel）一词起源于古高地德语，原意是一种舞蹈行为，能向外表达人的内心激动，使其为他人所见。许多著名研究人员发现，当内心情感向外涌动并渴求被理解时，人们通常会跳舞和游戏，他们经常这么做，只是出于行为本身所带来的快乐，并不为某种目的服务。沃纳·海森堡称自己关于科学的思考是“一种带有无尽张力的游戏，其进行过程中充满了艺术性”。在游戏中，追寻者可以一辈子都是一个充满好奇心和创造力的孩子。

众所周知，动物也可以游戏，正如人们在北极熊、狮子或黑猩猩身上观察到的一样。因此，人不仅可以被称作“游戏的人”（Homo ludens），还可以被称为“动物诗人”（Animal Poeta，来自卡尔·艾布尔的同名著作）。在书中，艾布尔提出了一种生物学中的文化理论，并将跳舞和游戏带来的愉悦也归于其中。人们经常认为这种感觉是理所当然的，也从未尝试去解释，为什么自己会在做某些事情时感到愉悦，而在做另外一些事情时不会。在文化视角下，对某事某物的兴趣似乎呈现为一种进化的把戏，科学家从中创造了一个具有解释价值的概念，它使人获得了伊曼努尔·康德所言的“无利害的愉悦”，后者也在哲学中具有十分崇高的地位。艾布尔还谈到了一种非常实用的兴趣模式，尤其是“当一个极具天赋的人讲述一些有趣的故事时，或人们用一段风干的羊肠发出罕见声音的时候”。兴趣模式和与之相关的感官愉悦对进化还产生了意义重大的影响，因为生物化学家们能够准确地测量出，在愉悦中“人的情绪变得放松，免疫系统加强，而生殖器官也重新发挥作用”。

为了能在这里继续论证进化论，我们有必要区分根本性原因和直接性原因这两个概念。根本性原因关心的是某个具体特征的作用，而直接性原因则关注使生物体产生这些特征的机制。比如说，生物拥有性欲的根本原因是为了繁衍后代，但直接使其产生性渴望的则是性冲动。当人们做一些能带来愉悦感的事情时，例如听音乐、下象棋和做运动等，兴趣变成了直接性原因，因为人们需要依靠它们来平衡压力。而从根本性目的出发，人类必须要进食，因为食物可以使他们有能力应对各种困难的情况。当人们在成功地放松自己和缓解压力之后，另一种兴趣模式也开始工作了，帮助人们释放自己的遗传特性。

事实上，兴趣也是进化的一种手段，后者甚至能够通过这种方式，将人对知识的渴求同令人开心的消遣娱乐联系在一起。罗格·卡尔·尚克在《给我讲一个故事》一书中写道："我们知道自己讲述的是什么，我们也讲述自己知道的事情。"讲述指的是人们在兴趣模式下使用语言，让自己能谈论一些原本不能、但是仍旧想要表达的内容。简而言之，人不能对无法言语之事保持沉默。相反地，人们可以在兴趣的陪伴下讲述它们，并以这种方式为求知欲强的人带来快乐。

在讲述故事的过程中，人们通常会提到一些人和事物，尽管它们并没有真实存在过，但听众却能想象出来它们的模样。如果讲述的事情确实发生过，人们会用“Geschichte”一词的单数形式（即历史）[①] 来称呼它。一方面，历史学家们知道，没有人可以悉数列出其中的全部细节，对事件的描述也总会同时出现其他版本；另一方面，正如人们在马克斯·弗里施的小说《我的名字是甘滕拜因》中读到的那样，每个人或早或晚都会创造自己的人生故事。科学告诉人们，人类拥有的万物“皆以故事的形式存在”，它们还拥有“创造或使用这些故事的方法”。奥古斯丁教父将这种用富有艺术性方式创造的思想称为“我是我的回忆”。以此，他很早便发掘出了浪漫主义的一个核心思想，后者的代表人物将生活在1800年前后的人们看成“不断创造世界也不断创造自己的人”。不久后，查尔斯·达尔文在大自然中也发现了类似的例子，在一个名为“进化”的选择过程中，大自然不断

① Geschichte一词做不可数名词时的意思是“历史、历史（科学）、历史课”，做可数名词时通常译为故事或往事。

彰显着自己的创造力，并在“动物诗人”或“游戏的人”身上达到创造力的顶峰。由此变自由的人们，继续将自己内在的创造活动展示给外界，并开始理解和塑造自己创造出来的世界。因此，歌德在《浮士德》中，将谈论万物起源的著名诗句翻译成“原初有为（而不是有言）”，这里指的就是人类的创造性行为。

创造力既存在于艺术，也存在于科学。尽管许多人认为，研究者只是发现了（此前已经存在的）事物，真正创造新事物的是艺术家（没有他们也就没有新事物）。谁要是这么想，就会和爱因斯坦犯一样的错误。爱因斯坦认为，自己的科学原理是“人类思想的自由创造”，他十分强调“理论基础的纯虚构特征”，认为理论需要通过艺术来表达。在爱因斯坦看来，艺术和科学的共同点是显而易见的，他在《我的世界观》一书中写道，因为它们都源于“和神秘莫测事物有关的经历”，“而这些充满神秘感的事物恰恰是科学与艺术诞生的真正摇篮”。

社会学家格奥尔格·西梅尔认为，神秘的事物是“人类最伟大的思想成就之一”，它最初被称为“mysterium”（神秘），马丁·路德在此基础上创造出了“Geheimnis”（秘密）这个美妙的德语词。在神秘的世界中，人们无法十分确切地描述所遇之事，因此他们寄希望于用讲述的方式呈现自己的经历。很久之前，人类已创造出了神话这种讲述形式，并尝试在神话中凭借自己的想象力来解释世界。卡尔·波普尔认为，神话是科学和艺术二者共同的起源，他甚至将其称为“血亲”，因为二者都诞生于“我们为阐释人类和世界的起源及命运”所做的尝试，就像这位人类领袖从近乎理性哲学的角度所做出的解读一样。

“世界上存在着两种真理：一种能指引道路，另一种会温暖心灵。指引道路的真理是科学，而温暖心灵的是艺术。二者不可分割，也不分伯仲。如果没有艺术，科学就和水管工手里精美的镊子一样毫无用处。而失去了科学，艺术就像由民俗和情感骗术（quackery）组成的东西，杂乱无章。艺术的真理会防止科学失去人性，而科学的真理能确保艺术不会贻笑大方”。

美国作家雷蒙德·钱德勒在这些句子中还想表达的是，如果人们不再将科学创造归功于某个匿名实验室中的匿名集体，而是像对待艺术一样，期待着在科学作品中发现同样具有创造力的个人，并熟知这些人的名字，或许他们能更好地理解科学。莫扎特就是一个很好的例子，他在 1781 年与父亲的通信中谈到了自己对音乐的理解，他认为，音乐一定要“给耳朵带来享受”。世界上不存在没有想象力的科学，也不存在没有事实根基的艺术，因此，钱德勒想让人们认识到，如果人们在进行创作之前或者在为其作品赋予所有必备细节的同时，能了解知识，能知晓那些激励和折磨着作曲家、作家、画家或雕塑家的可被理性接受和理解的想法，人们便可离艺术更近一步。因此，人们不但要用心，还要用理智去理解莫扎特为何在其歌剧中使用五度循环。同样，人们要尝试用心去理解量子力学，也要清楚地认识到，它所描述的是一个形而上学的交叠世界。量子力学在虚无之前编织了一张网，让存在主义（虚无主义）哲学不再站得住脚。

假如人们在人类的生产活动中能找到艺术和科学之间互补的共同点，也许会对谈论万物起源的诗句进行一次全新的翻译。他们会使用一个在第二次世界大战结束之际开始形成、并在此后不断被传播的概念，并将诗句表达成："原初有信息（而不是有为）"，而它也指导着人们的行动。在信息成为一个科学概念之前，如同前一章所言，它是指必须添加在原料中的东西，目的是将最初毫无形状的材料塑造成一件艺术品。在《出埃及记》中，上帝为了创造人类，将信息赋予了耕地中的泥土；在文艺复兴时期，米开朗基罗为了雕刻罗马圣殇像，将信息赋予了大理石；而在20世纪，康斯坦丁·布朗库西也曾试图弄清楚，一位雕塑家在将石头雕刻成清晰的人像时，能保留多少原石。

这里提及的具有创造性的造型艺术具有悠久的历史，但它的结局却是开放性的。在继续讲述它的起源之前，我们需要提一下刚才翻译中用"信息"代替"行为"的原因。从语文学的角度看，这种替换是没有问题的。有时我们会读到，人们用另外的词语表达"原初"（Anfang），比如"原（始物）质是信息"，没有它一切皆不存在。我们现在不需要继续研究与其类似的"先有鸡还是先有蛋"的问题，对此古希腊罗马时期最具学识的人，希腊作家普鲁塔克早已在与他人吃饭闲聊时解释过了。更值得关注的是阿奇博尔德·惠勒在1989年举行的讲座，它有一个时髦的标题“万物源自比特”。在讲座中，这位物理学家询问自己，世间存在的万物是否源于信息？是否源于一个同时赋予他者信息、也被他者赋予信息的创造性行为？惠勒认为，人类生活在一个自己也参与其中的宇宙里，而宇宙中的其他实物则出自一个非物质的源头。这个想法似乎不仅是大家喜闻乐见的，也是恰到好处的，尤其是在一个人工智能和机器思想觉醒的时代。其中，值得大家注意和了解的是，如果在原初时期（或在一种原始物质中），信息为了创造原子已经使用了无所不在的能量，那么今天的人们完全可以生成一个创造的闭环：原子创造分子并为其赋予信息，分子相应地组成细胞器，细胞器紧接着组成细胞，细胞下一步形成器官，器官最终构成完整的生物体，而生物体又继续组成不同的团体。与此同时，团体中的一些生物又开始借助原子的力量为信息赋予新的内容，这些信息在创造大循环出现之时推动世界开始运转，也持续推动着世界前行，如今，人们已经开始用比特作为单位来计量它们。

从整体上看，智人历史所讲述的内容就是信息和与之相关的造型行为，早在石器时代，人类的这种能力已被证实是艺术。那时，人类已开始用象牙雕刻小的塑像，比如霍勒费尔斯的维纳斯，这个有巨大胸脯的女神雕塑约有 35000 年至 40000 年的历史，最初在施瓦本地区山脉中的一个洞穴里被发现。在这个地区，人们还发现了与维纳斯同时代、同材质的狮子人雕像。这表示，早期人类艺术家创造出的许多形象，会如萨满一样在不同世界间穿梭，也就是说，艺术家在那时已经开始思考其他的世界了。同样重要的还有迄今为止科学界公认的最古老的乐器——一支笛子，它在施瓦本地区舍尔克林根市附近的喀斯特洞穴霍勒费尔斯中被发现。这只笛子由鸟骨制成，在约 35000 年前第一次奏响了音乐。人们愿意相信，在这支笛子吹响的时候，洞穴里充满了欢乐，当时的人们也随音乐起舞，享受着身体活动带来的愉悦。或许他们在舞蹈时也情绪饱满地随之歌唱，因为早在一百万年前，人们已经具备了唱歌所需的生理条件。

与维纳斯和狮子人雕像相比，南非的抽象画（距今超过 70000 年）和婆罗洲的一幅赭石画距今的时间还要早数万年。据我们所知，世界范围内的艺术在人类早期便已出现，其中也包括阿尔代什河流域一个洞穴中的图画。约45000年前，人类用木炭在洞穴墙壁上画下了马和野牛，它们也许是最古老的艺术品，而在其中的一些图画中，动物们看起来活灵活现，就像一部原始的动画电影。与这些相比，更受人们重视的是来自西班牙阿尔塔米拉和法国多尔多涅省的拉斯科洞穴内的壁画，它们距今约有20000年的历史。虽然这些洞穴壁画中出现了许多马、鹿和公牛，但除了一些类似素描小人的形象之外，几乎没有人类的身影。在对此充满好奇的同时，人们不禁发问，为什么人类要在洞穴里作画？来自尼安德特人时期的最古老的出土文物证明，图画艺术可能“从一开始”便是人类历史的一部分。20世纪70年代，人们询问在洞穴墙壁上作画的澳大利亚土著居民在那里做什么，继而得到了这样的答案：他们并非自己想画画，他们的手被一股来自内心的神秘力量操控着。人类用自己的心灵之眼去寻找神灵，并得偿所愿，于是他们也想用自己的肉眼看到它们，无论在岩壁之上或在苍穹之中。因为内在的东西同时也是外显的，岩壁上的图画向人们透露着公开的秘密，观赏者也可在其中体验无时无刻不心醉神迷的美。

家长们都知道，人从孩童时期起便已开始画画，教育学家们将其解释为“孩子拥有表达原始图形的需求”。塞尚在写给一位年轻画家的信中提到了这一点，并建议这位画家去观察大自然中的圆柱、圆锥和球体等原始的几何形状。科学家们也谈及了这些原始图形，认为这是他们对世界的认识之源，也会为它们的创造者带来满足感与幸福感。20 世纪 50 年代，沃尔夫冈·泡利开始思索什么是创造力，他在研究约翰内斯·开普勒于 17 世纪取得的成就时注意到，这位天文学家对物理学的认知可以追溯到一些原型意象，它们存在于人类的灵魂中，等待着感官意识的觉醒。泡利指出，“思考的预备阶段”可以被视作内在意象正在进行“绘画般的观察”，并非源于任何感官体验。这里所说的不是人们创造出来的图画，例如用照相机拍下的“照片”，而是为自己完成的画面，例如在大脑中留下的“形象”。人们带着这些“形象”观察世界，继而形成自己的世界观。对此，神经生物学家这样解释道：在大脑中，被观察到的某个场景被切分成若干个直观的几何图形，可供一位艺术家进行速写或作画时使用。大脑会将感官接收的事物切分为不同颜色、不同形状和不同的运动方式，接着又将形状拆分为点、直线、曲线、环形或圆形。主导视力的大脑皮层区域就像艺术家的工作室，在工作台上的颜料罐和直尺之间，散落着各式各样的毛笔、铅笔和粉笔。换而言之，大脑在观察世界的同时正在完成它的画作。人类对世界的感知始于脑中“形象”（即各种想象）的诞生，而眼前的现实世界变成了他们脑海中的一幅画，直到某一天被他们重新画在洞穴的墙壁上。人们可以相信，他们最喜欢的图画中，一定有某些部分与自己头脑中已被置入的形状相符，这也恰恰是20世纪“立体派”图画成功的原因。正如赖纳·玛丽亚·里尔克1917年8月所说的一样，它们使隐藏在“图画表皮下的内在网络展露无遗”。令里尔克感兴趣的还有，毕加索如何在自己的画作中，用几何图形在一定程度上成功地“将图画结构呈现了出来”。这位诗人期待的这个问题的答案，直到20世纪70年代才被神经心理学家破解。

里尔克在1906年撰写《马尔特·劳里茨·布里格手记》时，借主人公之口提出了以下问题：“布里格想，有没有可能人们还未见过、认识过和说过任何真实和重要的东西？有没有可能人们耗费了数千年来观察、思考和记录，却只是让这些时间流逝掉了，就像在课间休息时吃面包和苹果一样？”“有没有可能人们尽管拥有发明和进步，尽管拥有文化、宗教和哲学，却仍旧停留在生命的表层？有没有可能人们为这个至少存在过的表层覆盖上极为简单的材料，以至于它看起来像暑假见过的旅馆大厅里的家具一般？”对于这些问题，答案永远是：“是的，有可能。”

里尔克这位艺术家探究的，其实是物理科学的经验，凭借它们，人们在19世纪末成功发现了大量的不可见光线，例如1886年发现的电磁波、1895年发现的伦琴射线，以及1896年以来发现的阿尔法射线、贝塔射线和伽马射线。与其相比，可见的有色光仅仅只是微不足道的一小部分。这也不可避免地导致了里尔克笔下的布里格得出如此结论：“人们还未看到任何真实的东西。”换言之，物理学在19世纪末证明，世界并非人们看到的样子，这也对艺术产生了不少影响。当一位画家想用自己的笔墨展现真正的世界时，不能只是勾勒出它外在的模样。想要画出真实世界的人，就必须重新创造一个世界。瑞典女艺术家希尔马·阿夫·克林特自1906年开始，将她的想象力自由挥洒在油画布上，今天人们将她视作抽象画派的先锋。艺术在通往抽象的道路上不可避免地会远离具体对象，塞尚早已踏上了这条道路，而毕加索更将其视若圭臬。艺术史学家贡布里希尝试在其所著的《艺术史》中，简明扼要地将毕加索的思想进程归结如下："长久以来，我们已经不再宣称，我们想要描绘事物呈现在我们面前的样子。"毕加索不再愿意画自己所见之物，而是画自己所想之物，与他同时代的爱因斯坦也做着同样的事情，他将自己的理论称为"人类思想的自由创造"。贡布里希进一步发展了毕加索的思想，他认为毕加索所想的是："我们完全不想在画布上呈现我们曾经记录下的短暂瞬间。我们更愿意追寻塞尚的脚步，尝试用简单的形状让我们的画作尽可能纯粹和持久。为什么我们不能始终如一，也不愿承认我们的目标不是模仿，而是构想呢？当我们想到任何一件物品，例如一把小提琴时，我们的心灵之眼会看到与现实完全不同的东西。对我们来说，这些不同的画面通常恰恰是'当下的'。"在立体派画家的眼中，这些特殊的、形状多样的混合体比一张照片更能展示小提琴真正的样子，尽管后者在细节上更为清楚。

当人们将艺术和现实进行对比时，一个不可避免的话题就是“时间”，它在现实世界中流逝，却在画作中驻足。“时间”是艺术史中重要的话题之一，正如毕加索所说，一幅画想要被称作艺术品，并能激起观赏者仔细观察的兴趣，就必须考虑如何选择自己记录的短暂片刻。1766 年，戈特霍尔德·埃夫莱姆·莱辛将文学和文学所述的时间进行对比，也将它与抓住了某个永恒时间点的艺术品（例如一幅画或一座大理石雕塑）比较。同时，他建议，在人们想要去描述和呈现一座雕塑的过程中，必然存在着某个“富有成果的瞬间”，它既可以使人领会过去发生过什么，也能够预示未来将要发生的事情。诗歌在时间中铺设语言，绘画和雕塑在空间中安排自己的形状和颜色，艺术就这样将空间和时间彼此分离，正如牛顿之后、爱因斯坦之前的经典物理学家所做的努力一样。自爱因斯坦在 20 世纪初登上历史舞台以来，空间和时间失去了它们彼此的独立性，时空作为一个统一体开始了自己的新生命。此处值得一提的是，人们在亚历山大·冯·洪堡那儿已经发现了这种世界观。当这位探险家和自然研究者惊叹于南美洲夜晚的星空，并将它融入自己的灵魂时，他发现自己投向星空的每一寸目光同时也是对时间的一瞥。这片繁星密布的天空越来越让哲学家康德叹为观止、肃然起敬，甚至引导他得出了一条道德准则。在我们看到它之前，这片星海的光芒早已经历了漫长路途。所有的这一切都让洪堡明白，对自然科学家来说，空间和时间是不可分割的。当毕加索开始创作立体画时，他遵循的正是这种时空一体的、伟大的美学思想。显然，上文提到的小提琴，伴随着时间的流逝会拥有许多不同的外形，但它们在某个时间点上会成为正在创作的画家的当下。爱因斯坦为（物理）空间添加了（物理）时间，毕加索为画中的场景附上了亲身经历的时间，与此同时，与他同时代的莱昂内尔·费宁格还尝试赋予画作空间上的深度——一种现实中也同样存在的深度。

科学与艺术有许多共同点，这是人们无法忽视的。沃纳·海森堡在其自传《部分与整体》的开篇非常遗憾地说，二者都是人的作品，虽然这个“不言而喻的事实……很容易被人遗忘”，知识分子们似乎始终在努力地发掘自然科学对教育或文化的贡献。而在1999年德国出版的一本书中，作者非常明确地指出，自然科学知识并不属于教育的范畴。法国哲学家米歇尔·塞尔已在数年前发现了一个所有人理应知晓的道理，即人们需要科技史，因为它“能充分解释当今的生活方式是如何实现的”。人在受教育的过程中必然离不开他所经历的文化，但没有什么比自然科学的进步对文化和世界观的影响更大。

英国小说家和科学家查尔斯·珀西·斯诺在1959年发表了一场著名的演讲，他将人文科学和自然科学划分为两种文化，这个观点直到今天仍然受到人们热议。他区分了文学智慧的代表人物（作家、批评家）和自然科学的代表人物（科学家、工程师），并探寻对各领域话题的一种普遍性理解。斯诺在莎士比亚的十四行诗和热力学第二定律之间发现了一种失衡，因为他注意到，当人们谈论诗歌时，每个人都会点头并能心领神会，而当他们谈及热力学知识及其定律时，大家却一头雾水，只能频频摇头。其实，莎士比亚的十四行诗和热力学第二定律都紧紧围绕着上文提到的一件事，即时间以及人们对时间这个维度的理解。诗人尝试通过不同的语言形式让时间停下脚步，从而赋予事物持久性；而第二定律表达的是无法回避的物理学事实，认为时间静止在现实生活中是不可能的。时间不会停止，更不会倒流，它只会推动着人加速向前。人们只有在艺术品中，例如在诗歌中，才能发现时间或把握它；莎士比亚也曾明确地表达过类似观点，正如他在第 81 首十四行诗的最后几行中所述：

> 只要我的诗歌赠予你时间，
> 就像人类呼吸，如同舌头说话。

然而，在我们阅读这寥寥数行文字时，物理学意义上的时间正在流逝，物理学家们也借助上文提到的定律来描述这一事实，其中心概念为“熵”（Entropie）。熵出现于 1850 年之后，当时科学家们正试图描述机器的功率，希望它们能以尽可能高的效率工作。不久后他们注意到，能量的概念已不足以让他们从理论上理解机器，因为世上存在着某些能量，它们能在工作中发生转换，也存在着一些不适用于机器的能量。第一种能量形式被人们称作“自由能量”

(freie Energie)，从整体上来说，它与能量的区别仅在于一个数值，也就是人们口中读音相似的“熵”。因此，物理学家们于1870年前后提出了与第一定律，即“世界的能量守恒”相对的第二定律。第二定律认为，世界的“熵”在物理进程中会始终增加，直到达到其最大值。这条定律的特别之处在于，它为时间提供了一个方向，尽管人们还不能讲清楚具体发生了什么事情。在这个世界上，时间不断流逝，熵也不断增长，而直到今天人们仍一直在尝试去回答“熵是什么”这个问题。许多人建议将“熵”具象化，有人认为它是某个系统中“无秩序状态的量度”，有人联想到系统中“偶然事件的存量”，也有人认为它是永不消逝的“无知的程度”。

如果我们谈论“莎士比亚的十四行诗和第二定律”或谈论“莫扎特和量子力学”，只是为了让艺术家们的名字被人铭记，而忽视自然科学领域的名人，人们会开始认为，科学家是能够被取代的。因为A博士今天未能发现的东西，明天会被B博士发现，或最迟后天会被C博士找到。但D诗人今天用自己的天赋写下的诗句，却不是他人能够复制的。具体而言，没有开普勒也会存在开普勒定律，但不同的是，如果世上没有名为歌德的人，那歌德的诗歌也就无从谈起。然而，人们并没有意识到，这种对比实际上毫无意义，因为当人们将一首诗歌与一项科学研究的结果进行比较时，前者是一部作品，而后者却是一种内容。如果人们用对科学不利的方式权衡二者，并轻视科学认知的获得过程，那么集体无意识自然也不愿承认，科学家与艺术家都可以拥有创造的能力和独特的创见。因此，认为“一些人只是发现业已存在的事物并未进行创造，而另一些人则在创造从未存在的事物并未进行发现”的观点完全是无稽之谈。在开普勒没有发表相应理论之前，开普勒定律在哪里呢？难道康德没有强调过，自然规律是人赋予自然的规定而非人类发现的现实吗？如果 $E = mc^2$ 公式中的等号不存在，那它又该藏身何处？自然规律存在的领域是人类的思想，而在自然科学领域中，发现与创造之间的区别并不具有任何哲学意义。

“自然科学家和诗人”这两个称号的组合尤其适合被我、也被他人多次提及的歌德，他不仅创作艺术作品，还提出了一种色彩学说。关于这里谈到的主题，他曾贡献过许多美妙的语句，例如："假如我们期待科学成为一个整体，必须将它视作一门艺术。"歌德坚信，科学来源于诗歌，也将重新与之融为一体。他没有低估一个人在追求和实现个人完整性过程中必须要付出的努力，因为"人为了离这样的要求更近一步，绝对不能在科学工作中将自己的任何一种能力排除在外：惩罚的深渊，对当下的准确直观，数学的深度，身体的准确性，理性程度的高低，理智的敏锐度，灵活的、充满渴望的幻想，由感官带来的愉悦。当人们尝试去捕捉某个瞬间时，这些能力缺一不可"。这的确是一个人们需要穷极一生来完成的重大任务。

当沃纳·海森堡于20世纪40年代开始"用现代物理学的眼光看待歌德和牛顿的色彩学说"时，他也没有忘记研究自己这代人在方法上的缺陷："自然科学越来越少地关注存在于那些能被感官直接感受的现象中的生命力，只在乎用数学化的公式来呈现整个过程的核心部分。"同样，"生命力和直观性是自牛顿以来自然科学界不断取得进步的前提，而对这二者的摈弃也是歌德在其色彩学说中竭力反对牛顿物理光学的根本原因”。

随后，海森堡发现，二人在色彩研究上所作出的努力是互补的。“牛顿理论中最基础的现象是单色光线，他通过复杂的设备过滤掉了其他颜色和方向的光。而在歌德的学说中，最基础的概念是在我们周围涌动的、明亮的自然光”。

当牛顿寻找着各个组成部分时，歌德则将研究的视角放在了整体上；当歌德思考着视觉的问题时，牛顿则开始了对光的分析。就在歌德几乎无法对光学现象进行解释时，例如为什么油层会在水面上像彩虹般呈现出不同颜色，牛顿对色彩现象之于人类的影响也知之甚少。而当歌德意图为艺术提出一种理论、想要理解各种色彩如何在油画中达到和谐时，牛顿正在努力地了解光在传播过程中所走过的路，理解它如何千里迢迢而来、以及在路上遇到了哪些障碍。

牛顿曾经想弄明白，光映入人的眼睛里时会发生什么，他尝试给出一个不包含自己主观想法（和感官感受）的答案。歌德也曾想知道，光落入他的眼睛里时会发生什么，但他尝试保护“自己感官印象直接呈现的事实免受科学的攻击”，也尝试保存其中的美。

如今，真相的概念处于空间里。人们将发现真相，而真相也会带给人们自由。也许，每个时代的人们都拥有自己通往真相的道路。在浪漫主义时期，艺术为大家提供了最好的机会，而在 20 世纪，科学带着它对时间、空间以及因果关系的思考，在原子领域为大家找到了通往真相之路，但它并没有因此获得自由。恰恰相反，科学只是更清楚地认识到，自己被赋予了什么样的命运。

沃尔夫冈 · 泡利在 1954 年这样写道："我认为，西方国家的命运在于两种基本的态度，即一方面批判的、理智的、求知欲强烈的态度和另一方面神秘的、非理性的、寻求解脱体验的态度，二者不断将彼此联系在一起。人的灵魂中永远住着这两种态度，其中一种始终包含着另一种，也是对方的起源。由此，一种辩证的过程出现了，但我们并不知道它将通往何处。我们必须信任这个过程，承认对立的双方是互为补充的。为了保持对立面的紧张关系，我们也必须承认，我们在每一条认知或解脱之路上，都依赖于我们无法控制的、被称为恩赐的因素。"这就是真相。

参考文献和书目

前言　知识的魔力

Aristoteles, *Metaphysik*, Reinbek 1994.

Ernst Robert Curtius, *Elemente der Bildung*, München 2017.

Jürgen Mittelstraß, *Leonardo Welt*, Frankfurt am Main 1992.

Robert Musil, *Der Mann ohne Eigenschaften*, Reinbek 2006.

第一章　光与它的能量

Albert Einstein, *Mein Weltbild*, Berlin 1962.

Dwight E. Neuenschwander, *Emmy Noether's Wonderful Theorem*, Baltimore 2011.

Ernst Peter Fischer, *Aristoteles, Einstein und Co.*, München 1995.

Ernst Peter Fischer, *Der Physiker-Max Planck und das Zerfallen der Welt*, München 2007.

Ernst Peter Fischer, *Einstein trifft Picasso und geht mit ihm ins Kino*, München 2005.

Ernst Peter Fischer, *Niels Bohr-Physiker und Philosoph des Atomzeitalters*, München 2013.

Ernst Peter Fischer, *Werner Heisenberg-Ein Wanderer Zwischen Zwei Welten*, Heidelberg 2015.

Frank Wilczek, *The Lightness of Being*, New York 2008.

Isaiah Berlin, *Die Wurzeln der Romantik*, Berlin 2004.

Jim Al-Khalili und Johnjoe McFadden, *Der Quantenbeat des Lebens*, Berlin 2015.

Z. K. Minev et al., *To Catch and Reverse a Quantum Jump Mid-Flight*, Nature Band 570, Ausgabe vom 13. 06. 2019, S. 200 – 204.

第二章 宇宙中的地球

Alfred Wegener, *Die Entstehung der Kontinente und Ozeane*, Bornträger Verlag 2005, Nachdruck der ersten Auflage.

Ernst Peter Fischer, *Aristoteles, Einstein und Co.*,

München 1995.

Ernst Peter Fischer, "Bis zum Menschen hast du Zeit", in Ernst Peter Fischer und Klaus Wiegandt (Hg,), *Dimensionen der Zeit*, Frankfurt am Main 2012.

Freeman Dyson, *Disturbing the Universe*, New York 1981.

Hans Blumenberg, *Die Sorge geht über den Fluss*, Frankfurt am Main 1987.

Henry F. Ellenberger, *Die Entdeckung des Unbewussten*, Zürich 1985.

Jürgen Osterhammel, *Die Verwandlung der Welt-Eine Geschichte des* 19. *Jahrhunderts*, München 2009.

Karl Popper, *Logik der Forschung*, Tübingen 1969.

Pascal Richet, *A Natural History of Time*, Chicago 2007.

Peter von Matt, *Hoffmanns Nacht und Newtons Licht*, in *Öffentliche Verehrung der Luftgeister*, München 2003.

Rémi Brague, *Die Weisheit der Welt-Kosmos und Welterfahrung im westlichen Denken*, München 2006.

Rudolf Kippenhahn, *Kosmologie für die Westentasche*, München 2003.

Simon Singh, *Big Bang-Der Ursprung des Kosmos und die*

Erfindung der modernen Naturwissenschaft, München 2007.

Stephen J. Gould, *Die Entdeckung der Tiefenzeit*, München 1990.

Tjeerd H. van Andel, *Das neue Bild eines alten Planeten*, Hamburg 1985.

第三章 生命一瞥

Charles Darwin, *Die Entstehung der Arten*, Stuttgart 1963.

Elie Dolgin, *The secret social lives of viruses*, Nature 570 (2019), S. 290 – 292.

Ernst Peter Fischer, *Das Atom der Biologen-Max Delbrück und der Ursprung der Molekulargenetik*, München 1985.

Ernst Peter Fischer, *Im Anfang war die Doppelhelix*, München 2003.

Ernst Peter Fischer, *Treffen sich zwei Gene-Vom Wandel unseres Erbguts und der Natur des Lebens*, München 2017.

Ernst Pöppel, *Grenzen des Bewusstseins*, Frankfurt am Main 2000.

Erwin Schrödinger, *Was ist Leben?*, München 1989.

George Dyson, *Turings Kathedrale*, Berlin 2014.

Humberto Maturanaund Francisco Varela, *Der Baum der Erkenntnis*, Frankfurt am Main 2009.

Konrad Lorenz, *Die Rückseite des Spiegels*, München 1973.

Nicolai Hartmann, *Der Aufbau der realen Welt*, Berlin 1964.

Stuart Kauffman, *A World Beyond Physics*, Oxford 2019.

第四章　智人与他的基因组

Abraham Flexner, *The Usefullness of Useless Knowledge*, Princeton 2017.

Adam Rutherford, *Eine kurze Geschichte von jedem, der jemals gelebt hat*, Berlin 2019.

Ernst Peter Fischer, *Das Genom-Eine Einführung*, Frankfurt am Main 2002.

ErnstPeter Fischer, *Die aufschimmernde Nachtseite*, Lengwil (CH) 2004.

Ernst Peter Fischer, *Perfekte Menschen in perfekter Gesellschaft?*, Konstanz 2017.

Gotthilf Heinrich Schubert, *Ansichten von der Nachtseite der Naturwissenschaften* (Nachdruck), Eschborn 1992.

Isaiah Berlin, *Wider das Geläufige*, Frankfurt am Main 1982.

Johannes Krause und Thomas Trappe, *Die Reise unserer Gene*, *Berlin* 2019.

Johann Wolfgang von Goethe, *Die Wahlverwandtschaften*, Frankfurt am Main 2006.

Robin Dunbar, *Warum die Menschen völlig anders wurden*, in *Evolution und Kultur des Menschen*, herausgegeben von Ernst Peter Fischer und Klaus Wiegandt, Frankfurt am Main 2010.

Yuval Harari, *Eine kurze Geschichte der Menschheit*, München 2013.

第五章 历史中的变革

Abraham Flexner, *The Usefulness of Useless Knowledge*, Princeton 2017.

Adolf Portmann, *Vom Lebendigen*, Frankfurt am Main 1973.

Frank Rexroth, *Fröhliche Scholastik-Die Wissenschaftsrevolution des Mittelalters*, München 2018.

Gudrun Krämer, *Geschichte des Islam*, München 2005.

I. Bernard Cohen, *Revolutionen in der Naturwissenschaft*, Frankfurt am Main 1994.

Isaiah Berlin, *Die Revolution der Romantik*, in *Wirklichkeitssinn*, *Berlin* 1996.

Jan Assmann, *Achsenzeit-Eine Archäologie der Moderne*, München 2018.

Joseph Needham, *Wissenschaftlicher Universalismus-Über Bedeutung und Besonderheit der chinesischen Wissenschaft*, Frankfurt am Main 1979.

Jürgen Osterhammel, *Die Verwandlung der Welt*, München 2009.

Jörg Lauster, *Die Verzauberung der Welt*, München 2014.

Karl Jaspers, *Ursprung und Ziel der Geschichte*, Karl-Jaspers-Gesamt-ausgabe Band 10, Berlin 2016.

Lorenz Krüger et al., (Hg.), *The probabilistic revolution*, 2 Bände, Cambridge 1989.

Max Weber, *Schriften* 1894 – 1922, ausgewählt von Dirk Kaesler, Stuttgart 2002.

Mercedes Bunz, *Die stille Revolution*, Frankfurt am Main 2017.

Paolo Rossi, *Die Geburt der modernen Wissenschaft in Europa*, München 1997.

Peter von Matt, *Die Intrige*, München 2006.

Thomas Kuhn, *Die Struktur wissenschaftlicher Revolutionen*, Frankfurt am Main 1976.

Vannevar Bush, *Science: The Endless Frontier*, Acls History E-Book Reprint Series, 2008.

Yuval Harari, *Eine kurze Geschichte der Menschheit*, München 2013.

第六章 人类与机械

David Gugerli, *Wie die Welt in den Computer kam*, Frankfurt am Main 2018.

Ernst Peter Fischer, *Information-Eine kurze Geschichte in fünf Kapiteln*, Berlin 2010.

Ernst Peter Fischer, *Leonardo, Heisenberg & Co*, München 2000.

Ernst Peter Fischer, *Unzerstörbar-Die Energie und ihre Geschichte*, Heidelberg 2014.

Joachim Radkau, *Technik in Deutschland*, Frankfurt am Main 1989.

Jürgen Mittelstraß, *Leonardo und die Leonardo-Welt*, in

Die Kunst, die Liebe und Europa, Berlin 2012.

Karl H. Metz, *Ursprünge der Zukunft-Die Geschichte der Technik in der westlichen Zivilisation*, Paderborn 2006.

Ken Steiglitz, *The Discrete Charm of the Machine*, Princeton 2019.

Norbert Wiener, *Kybernetik*, Düsseldorf 1963.

Norbert Wiener, *Mensch und Menschmaschine-Kybernetik und Gesellschaft*, Frankfurt am Main 1966.

Paul E. Ceruzzi, *Computer-Eine kurze Geschichte*, Berlin 2014.

Sigfried Giedion, *Die Herrschaft der Mechanisierung*, Frankfurt am Main 1982.

第七章　从知识到真理

E. H. Gombrich, *Die Geschichte der Kunst*, Frankfurt am Main 1995.

Ernst Peter Fischer, *Brücken zum Kosmos*, Lengwil 2004.

Ernst Peter Fischer, *Einstein trifft Picasso und geht mit ihm ins Kino*, München 2005.

Georg Christoph Lichtenberg, *Sudelbücher*, Frankfurt am Main 1984.

Georg Simmel, *Das Geheimnis-Eine sozialpsychologische Skizze*, in Der Tag No. 626 vom 10. Dezember 1907 (Berlin).

Hans Christianvon Baeyer, *Das informative Universum*, München 2005.

Karl Eibl, *Animal Poeta*, Paderborn 2004.

Karl Popper, *Auf der Suche nach einer besseren Welt*, München 1984.

Michel Serres (Hg,), *Elemente einer Geschichte der Naturwissenschaften*, Frankfurt am Main 1994.

Rainer Maria Rilke, *Über moderne Malerei*, Leipzig 2000.

Raymond Chandler, *The Notebooks of Raymond Chandler*, New York 2006.

Robert C. Shank, *Tell me a Story*, New York 1990.

Victor Weisskopf, *Mein Leben* (*Original*: *The Joys of Insight*), Basel 1991.

Werner Heisenberg, *Ordnung der Wirklichkeit*, München 1989.

Wolfgang Pauli, *Physik und Erkenntnistheorie*, Braunschweig 1984.

其他书目

Carl Friedrich von Weizsäcker, *Zum Weltbild der Physik*, Stuttgart 1972.

Ernst Peter Fischer, *Die andere Bildung*, Berlin 2001.

Ernst Peter Fischer, *Die Verzauberung der Welt*, München 2014.

Ernst Peter Fischer, *Einstein für die Westentasche*, München 2005.

Lee Smolin, *Warum gibt es die Welt?*, München 1999.

人名索引

R

S

T

译后记

初次拿到《最重要的知识》的德文书稿时，不禁有些讶异。因为在普遍认知中，谈及人类发展进程中的重要知识，人们脑海里往往会浮现出与百科全书类似的鸿篇巨制。而眼前这本由菲舍尔教授撰写的书仅有128页，却试图将“最重要的知识”传递给读者，这也让我在惊讶之余倍感好奇。

译完全书，我深感本书与普遍意义上的科学史著作不太一样。一方面，本书不是由纯学术著作的方式写成，作者并未堆砌大量的事实与理论对科学发展史上的里程碑人物和事件进行详尽的介绍；另一方面，本书也没有囿于篇幅的限制，继而放弃其介绍的系统性与学术性。与全书副标题一致，本书完整地梳理了从宇宙大爆炸开始、一直延续到现在的科学发展脉络，内容涵盖了物理学、生物学、数学、化学等领域的几乎所有重大发现。得益于他自己的交叉学科背景和师从诺贝尔奖得主德尔布吕克的求学经历，菲舍尔教授在书中游刃有余地带领着读者漫步于知识的世界，让他们如身临其境般领略科学的魔力。与此同时，他还用通俗易懂的语言消解了科学和知识的厚重感与距离感，鼓励读者在阅读的过程中进行思考，继而激发他们更多的求知欲和阅读兴趣。菲舍尔教授在书中写道："知识能够创造乐趣，也能够带来朋友。如果能成功地传授这些'最重要的知识'，本书就完全达到了它的目的。"

与书中描绘的知识革命一样令人印象深刻的，还有菲舍尔教授在书中不断传递出来的科学观。"世界是一个整体，它并没有任何组成部分。"在菲舍尔教授看来，世间万物皆有联系，而这种联系也终将会在历史中留下自己的烙印。早在几百年前歌德就已发现，自然界中的各种现象是相互联系的，正是这种思考促使他将看起来毫无关联的东西放在一起观察，最终构建了形态学这门学科。而纵观科学发展的历史，许多书中介绍的重大发现也都得益于不同学科之间的联系。或许这也是为什么，菲舍尔教授将自己对科学的介绍与文学、哲学还有美学等领域联系在了一起，为科学知识增添了几分神韵。除此之外，本书的字里行间无不透露着菲舍尔教授对知识和世间万物的敬畏之心。正如他所言："怀抱着敬畏之心，顾及世界与他人，最重要的知识或许才会真正呈现出来。"

《最重要的知识》是德国贝克出版社"知识"（Wissen）系列丛书中的一本。与同系列的其他书籍一样，本书并不要求读者是该领域的专家。只要对科学发展感兴趣的人，都可以通过这本小书了解知识在人类发展历程中所起的巨大作用。为方便读者更好地理解书中内容，我在必要的地方添加了少许注释，也对书中存在的错误进行了修正。

最后，衷心感谢中国社会科学出版社的信任，让我有机会承担本书的翻译工作。此外，武汉大学德语系的钟芊和杨宇凤同学，以及物理系的龙象同学在全书的翻译过程中提供了不少帮助，在此深表谢意！

张申威

2023 年初春于珞珈山